节水条件下玛纳斯河流域
水循环过程模拟研究

杨广　何新林　刘兵　李小龙　李鹏飞　赵丽　著

中国水利水电出版社
www.waterpub.com.cn
·北京·

内 容 提 要

本书针对节水条件下玛纳斯河流域水循环过程的模拟问题，系统地分析了节水技术对流域降水、径流、入渗和蒸散发水循环要素的影响，提出了节水条件下区域水循环过程模拟模型，分别从现状总结与分析、水循环要素影响、水循环模拟模型构建、模型验证与应用四个方面展开了相关研究，对节水条件下区域水资源持续利用及生态安全具有重要意义。

本书适合于水利、农业、生态等领域内的广大科技工作者、工程技术管理人员参考使用，也可以作为高等院校研究生教学参考书。

图书在版编目（CIP）数据

节水条件下玛纳斯河流域水循环过程模拟研究 / 杨广等著. -- 北京 : 中国水利水电出版社，2020.9
ISBN 978-7-5170-8932-2

Ⅰ. ①节… Ⅱ. ①杨… Ⅲ. ①玛纳斯河－流域－水循环－流域模型－研究 Ⅳ. ①P339

中国版本图书馆CIP数据核字(2020)第186434号

书　　名	节水条件下玛纳斯河流域水循环过程模拟研究 JIESHUI TIAOJIAN XIA MANASI HE LIUYU SHUI XUNHUAN GUOCHENG MONI YANJIU	
作　　者	杨广　何新林　刘兵　李小龙　李鹏飞　赵丽　著	
出版发行	中国水利水电出版社 （北京市海淀区玉渊潭南路 1 号 D 座　100038） 网址：www.waterpub.com.cn E-mail：sales@waterpub.com.cn 电话：(010) 68367658（营销中心）	
经　　售	北京科水图书销售中心（零售） 电话：(010) 88383994、63202643、68545874 全国各地新华书店和相关出版物销售网点	
排　　版	中国水利水电出版社微机排版中心	
印　　刷	北京九州迅驰传媒文化有限公司	
规　　格	170mm×240mm　16 开本　11 印张　143 千字	
版　　次	2020 年 9 月第 1 版　2020 年 9 月第 1 次印刷	
定　　价	**55.00 元**	

前言

FOREWORD

　　新疆维吾尔自治区位于欧亚大陆腹地，是典型的干旱、半干旱地区，其山盆相间的地貌格局构成了以山地-绿洲-荒漠三大生态系统为基本特征的特殊自然地理单元。水资源发源于山区，在绿洲区消耗与运转，耗散于荒漠，因此，水资源是制约区域经济发展和生态建设的主要因素。作为我国膜下滴灌节水技术的发源地，新疆玛纳斯河流域近年来围绕农业灌溉进行了大规模水资源开发利用措施，修建渠道引水灌溉、兴修水库、渠道防渗以及农田膜下滴灌等一系列水利工程措施，水资源利用效率及农业生产力得到了极大的提高，已发展为新疆最大的绿洲农耕区和我国第四大灌溉农业区，成为我国荒漠变绿洲的典范。

　　节水技术作为先进的农田灌溉措施，可以以最低限量用水获取最大的农业产量和收益，可以最大限度地提高单位灌溉水量的作物产量和产值，流域规模化节水措施作为重要的人类活动，在迅速推动绿洲化进程的同时，改变了流域水循环要素及水循环方式，也改变了流域水循环自然变化的时空格局和水文系统的整体性，打破了原有脆弱的水文生态平衡，使得脆弱的水资源系统存在更大的不确定性，进而影响区域水文生态系统的稳定。目前，节水技术对水循环要素及水循环过程的影响还未实现精确、定量的分析评估，节水条件对流域水循环的影响研究仍处于定性或半定量阶段。本书针对节水条件下流域水循环过程的模拟问题，系统地分析了节水技术对流域降水、径流、入渗和蒸散发水循环要素的影响，提出了节水条件下区域水循环过程模拟模型，分别从现状总结与分析、水循环要素影响、水循环模型构建、模型验证与应用四个方面展开了相关研究，对节水条件下区域水资源持续利用及生态安全具有重要意义。

全书共分 6 章：第 1 章主要介绍研究背景，研究目的和意义，国内外研究现状分析，主要研究内容、技术路线和整体组织结构；第 2 章主要从玛纳斯河流域概况、水资源开发利用分析、土地资源开发利用分析和水土资源开发利用存在的问题这四个方面进行总结与分析，为节水条件下流域水循环研究提供背景基础；第 3 章主要借助遥感解译方法反演流域下垫面变化过程，分析流域土地利用动态度，确定流域下垫面变化驱动因素，综合评价流域绿洲稳定性，为节水条件下流域水循环模拟提供土地数据支持；第 4 章主要研究节水条件下流域水循环要素规律。从降水、径流、入渗和蒸散发影响因子入手，分析节水技术对水循环要素的影响，为节水条件下流域水循环模拟提供降水、蒸发和入渗参数支持；第 5 章根据数据分析和试验结果构建山区径流模拟模型和绿洲区地下水数值模拟模型，对模型的精度进行验证。根据流域不同节水程度灌水方案开展节水条件下流域水循环过程模拟研究，确定不同节水条件下地下水均衡及地下水位降深，为流域农业可持续及水资源合理利用提供科学依据；第 6 章结论与展望。

本书先后得到国家自然科学基金-新疆联合基金重点项目

"干旱区膜下滴灌农田生态系统水盐与养分运移及环境效应"（U1803244）、国家水资源重点研发专项"多水源开发利用关键技术试验与示范"（2017YFC0404303）、兵团中青年科技创新领军人才（2018CB023）、兵团优秀青年基金项目（CZ027204）、兵团重点领域科技攻关计划项目（2018CB023；2018BC007）、石河子大学青年创新人才培育计划项目（CXRC201801）和石河子大学高层次人才计划项目（RCZK2018C22）的资助。

本书由杨广、何新林、刘兵、李小龙、李鹏飞、赵丽统稿，参加本书著作撰写的还有王翠、杨明杰等人。本书在撰写过程中查阅了相关领域研究成果，均在参考文献中标注，在此谨向有关参考文献的作者表示衷心的感谢。

在本书成稿之际，笔者向所有为本书出版提供帮助和支持的同仁表示衷心感谢。由于研发条件和时间所限，所取得的研究成果还存在一定的局限性，相关研究仍需深入开展，对一些问题的认识还有待进一步深入。同时，受学识视野和水平所限，书中难免有疏漏和不妥之处，恳请同行专家批评指正。

作者

2020 年 1 月

目录
CONTENTS

第1章 绪 论

1.1 研究背景与意义

1.1.1 研究背景

新疆维吾尔自治区位于欧亚大陆腹地，是典型的干旱、半干旱地区，其山盆相间的地貌格局构成了以山地-绿洲-荒漠三大生态系统为基本特征的特殊自然地理单元。水资源发源于山区，在绿洲区消耗与运转，耗散于荒漠，因此，水资源是制约区域经济发展和生态建设的主要因素。玛纳斯河流域位于新疆天山北麓中段，准噶尔盆地南缘，N43°27′～N45°21′，E85°01′～E86°32′，流域总面积34050km²，主要包括石河子市、玛纳斯县和沙湾县及周边团场。近70年来，流域围绕农业灌溉进行了大规模水资源开发利用措施，修建渠道引水灌溉、兴修水库以及渠道防渗等一系列水利工程措施，尤其是1996年膜下滴灌技术在玛纳斯河流域下野地灌区121团问世以来，水资源利用效率及农业生产力得到了极大的提高，20年间流域耕地面积扩大0.55倍，有力地推动了绿洲化进程。目前，玛纳斯河流域已经变成我国第四大灌溉农业区和绿洲农耕区，工、农业经济均取得了巨大成就，成为我国荒漠变绿洲的典范。流域节水措施的大面积推广，在有力推动绿洲化进程的同时，也改变了流域水循环自然变化的时空格局和水文系统的整体性，打破了原有脆弱的水文生态平衡，造成了河道下游水量减少、尾闾湖泊干涸，生态环境质量下降，绿洲与荒漠之间的生态交错带被破坏，出现了地下水位下降、天然植被局部退化等生态环境负面影响。

玛纳斯河流域灌溉技术发展大致经历了四个阶段：①1949—1958 年，引用河水灌溉阶段。该阶段主要引用河水灌溉的新绿洲被相继开发，流域内的主要灌溉方式为大水漫灌和沟灌。②1959—1976 年，水库渠系联合灌溉阶段。流域实施开荒扩大耕地面积，自然河道径流引水已经不能满足灌溉需要，此时进入水库渠系联合灌溉阶段。③1977—1998 年，渠、库、井联合灌溉阶段。该阶段主要渠道也进行了防渗处理，推行畦灌和细流沟灌。④1999—2017 年，膜下滴灌阶段。膜下滴灌技术推广过程中滴灌系统代替农渠系统，耕地面积得到有效增加，同时减少了灌溉用水量。耕地内部的农渠、斗渠和排水渠失去原有功能而被填埋，流域水土资源利用效率得到了显著提高。流域水资源开发利用伴随着灌溉方式的进步而发展，目前流域水资源开发利用存在如下显著特点：

（1）地表水资源开发利用率达 90％以上。1959 年玛纳斯河东岸大渠修成，渠道利用率多年保持在 96％以上。

（2）高效节水灌溉面积达 90％以上。2016 年流域现有灌溉面积 382 万亩，其中节水灌溉面积 362.3 万亩，约占 94.8％。

（3）农业用水比例高达 90％以上。自 1999 年以来，流域用水总量基本维持在 25 亿 m³，农业用水比例虽然由 1990 年的 96.5％下降到 2015 年的 94％，用水比例依然很高。

节水技术作为先进的农田灌溉措施，可以最低限量用水获取最大的农业产量和收益，还可以最大限度地提高单位灌溉水量的作物产量和产值，流域规模化节水措施作为重要的人类活动，在迅速推动绿洲化进程的同时，改变了流域水循环要素及水循环方式，使得脆弱的水资源系统存在更大的不确定性，进而影响区域水文生态系统的稳定。因此，分析节水措施下流域水土资源开发过程及下垫面变化，阐明节水技术对流域水循环要素的影响，模拟节水条件下流域水循环过程，对节水条件下区域水资源持续利用及生态安全具有重要意义。

1.1.2 研究意义

人类活动干扰下区域水文生态效应会造成本就脆弱的干旱区水资源系统具有更大的不确定性[1]。玛纳斯河流域具有降水量少、蒸发量大、径流时空分配不均等显著水资源特征，干旱的自然环境背景，使得区域生态环境极为脆弱。过去70年来，为了生存人类进行了高强度的人类活动，流域人工绿洲大面积扩张及生态环境发生显著变化，绿洲的进一步发展需要解决节水条件下水资源如何合理利用的关键问题[2]。人工绿洲的扩张进程是与水资源开发利用水平密切相关的，节水工程措施支撑人工绿洲发展同时，干扰了流域原有的水循环过程[3]。玛纳斯河流域农业产业的开发，改变了流域上、中、下游水资源的自然分配格局，一方面充分发挥了水资源利用的潜力，扩大了人工绿洲面积，创造了适于人类生存和农业生产的人工绿洲小气候；另一方面，人类不合理的开发活动，对水资源的过度开发，造成地域水量分配平衡、盐量分布平均、生态平衡稳定的状态被打破，对人类生存环境与经济社会发展产生一定的影响[4]。因此，分析节水条件下玛纳斯河流域节水措施对流域水循环过程的影响对于合理调配人工绿洲用水以及下游荒漠生态环境需水具有重要意义。

（1）分析节水条件下水土资源开发过程及下垫面变化影响因素，对于客观全面认识节水措施对流域生态环境的影响具有基础意义。

干旱内陆河流域水资源转化过程和生态水文效应具有特殊性和脆弱性，工农业生产规模的持续扩大以及区域人口数量的不断增加，水资源需求程度大幅提升，以节水措施为核心的水资源利用活动所导致的水资源重新配置过程较一般地区更为强烈，这一长期强烈的人类活动叠加在水文生态要素自然演变的基础上，影响着区域土地利用覆被变化演变过程，流域生态格局发生改变，因此研究玛纳斯河流域节水条件下水土资源开发利用过程及下垫面变化影响因素，对于全面客观认识流域节水措施对生态环境影响的解读具有基础意义。

（2）分析节水条件下流域水循环要素变化规律，对于认识节水措施对流域水循环过程的影响具有重要意义。

水循环要素改变是水文生态过程变化的连接纽带和重要体现，也是评价水资源开发利用过程中用水效率的关键环节和重要基础，在水分循环和能量循环过程中发挥着重要作用。流域膜下滴灌技术的大面积推广改变了流域水循环要素规律，尤其是影响了农田土壤水分入渗及蒸散发环节。因此，深入了解节水条件下流域水循环要素变化规律是变化环境下流域水文循环研究的基础，对于流域水资源管理研究工作具有重要的基础意义。

（3）深入了解流域水循环过程，通过水文模型刻画节水灌溉措施对流域水循环过程的影响，对于维持变化环境下流域水循环系统健康及经济社会可持续发展具有重要意义。

分析节水条件下水循环过程，构建水文模型表征流域下垫面和水文要素输入条件的时空分布变异性，结合节水条件下径流、土壤入渗、蒸发及下垫面变化的水文响应，充分理解节水条件下流域水循环过程的改变，模拟不同节水程度下流域水循环过程的响应，对深入认识流域水循环过程及节水条件下水资源的持续开发利用具有重要意义。

1.2 国内外研究现状及其分析

1.2.1 土地利用覆被变化研究进展

土地利用覆被变化是土地利用演变过程、功能结构和演变驱动力研究的基础[5]。土地利用早期研究主要集中在植被覆盖调查与分类方面[6-7]。最早开展大面积土地利用研究的是英国，1931—1939年英国统一将土地利用类型细分为林地、耕地、草地等九种类型[8]。20世纪50年代以来，苏联科学家利用不同地区的综合开发规划情况，将土地利用类型进一步细化分为农业用地、非农业用地、林业用地、城市居民点用地和水利资源用地五大类[9-10]。随后，欧洲各国前后开展了土地利用的调查分析[11-14]。1995年，全球变化人文计划和国际地圈与生物圈计划一起提出了《土地利用土地覆盖变化科学研究计划》的提议，土地利用覆被状况时空演变的描述与分析正式成为该领域重要研究方向和内容。美国密歇根大学D Skole教授和克拉克大学B L Turner教授首先从全球角度出发，定性研究宏观尺度上全球土地利用以及植被覆盖变化趋势，并从一定程度上分析了全球变化环境对土地利用和覆被变化影响[15-16]。1994年，B L Turner教授提出强烈人类活动影响下土地的利用及覆被变化是全球环境变化影响下的结果，同时也是全球气候变化的重要组成部分[17]；随着各国在土地利用研究领域各种新的技术手段和方法的逐步应用，各国学者对土地利用覆被变化研究也在不断深入和加强，比如地理信息系统技术、多分辨率及高分辨率的空间探测技术、全球卫星定位技术、遥感技术等[6-7,15]。土地利用研究也从初级的信息整理及数据分析深入历史反演、成果应用等各个环节的更偏重于系统、综合与跨学科的集成研究[18]。

　　我国学者一直对土地利用覆被变化相关研究非常关注[19-25]。相关土地利用问题研究时间始于 20 世纪 30 年代,地理学家胡焕庸较为系统地调查了我国土地利用情况。自 20 世纪 90 年代末,随着新技术的发展,许多学者对我国不同区域土地利用覆被演变特征及驱动力进行分析研究,尝试分析和描述影响土地利用覆被变化的驱动力机制[26-31]。陈钦峦等应用遥感资料分析了山西文峪河流域下垫面地理因素的方法及其对地表水资源估算的意义[32]。顾大辛等从森林、农业、草原、工业化和都市化的变化对水循环中各个系统所产生的作用分析了土地利用对水文情势的影响[33]。李秀彬分析了土地利用覆被变化在全球环境变化中的内涵以及在全球环境变化中发挥的作用,并全面分析了国外有关研究项目的进展与成果情况[34]。陈育峰通过地理信息系统以及全国 NDVI 数据建立了土地利用覆被空间变化的梯度指标,通过主成分分析和因子分析,得出中国土地覆被演变过程以及土地利用空间差异存在季相变化[35]。依据地球表面能量和水分平衡理论,周广胜等探讨了土地利用变化对于全球气候变化的响应研究[36]。李克让等得出了中国土地覆被特征参数 NDVI 年际变化与区域气候因子变化的关系[37]。史培军等应用美国农业部水土保持局 (Soil Conservation Service) 研制的小流域设计洪水 SCS 模型对深圳市部分流域进行了径流过程的模拟,通过土地利用类型、土壤质地分类、雨前土壤含水量、降雨量等因素探讨其对于降雨-径流过程的影响[38]。角媛梅等反演了三江并流区土地利用/覆被变化过程并分析了其变化原因[39]。王建群等利用现代遥感、地理信息系统等多种数字技术,获取秦淮河流域空间分布的下垫面信息和中间状态信息,细致地刻画了流域内的水文循环过程,建立了研究区域数字水文模型,定性和定量地反映各种土地利用变化对水资源系统尤其是对水量平衡和防洪情势的影响程度[40-41]。张钰等从土地利用与覆被变化幅度、变化速率及动态度等角度,定量描述了黑河流域上、中、下游及全流域总体土地利用与覆被变化特征[42]。潘晓玲等借助 FVC 植被指数分析新疆维吾尔自治区生态景观格局时空分布特征[43]。程维明等借助遥感和地理信息系统等，恢复了玛纳斯河流域过去不同时期的生态分布格局和动态演化过程[2]。赵峰以遥感影像为主要信息源，利用 GIS 空间分析技术，定量分析了吉林省中部土地利用/覆被变化过程及其变化速率，分析了该演变过程对自然和社会经济的影响力[44]。郭宗锋等结合西双版纳地形图，利用 GIS 和 1988 年、2003 年两期 TM/ETM 卫星影像解译获取的土地利用数据，通过分析模型参数 CN 值的变化来分析了土地利用演变对径流的影响[45]。李丽娟等分析了 LUCC 水文效应的研究方法，然后从土地利用/覆被变化的驱动力方面：造林与毁林、城市化过程与农业开发活动以及水土保持等，概述了 LUCC 水文效应的研究进展[46]。葛全胜等研究了过去 300 年间我国土地利用与覆被情况，得出过去 300 年我国土地利用情况发生了较大变化，该变化趋势对陆地生态系统的碳循环产生了重要的影响[47]。张琳采用遥感和GIS 技术，利用 1980 年和 2000 年两期土地利用类型图，全面分析了海河流域土地利用现状特征及 20 年间土地利用动态变化趋势，阐明了海河流域 20 年来各类土地利用数量变化的幅度、速度和区域差异以及土地利用的时空变化过程[48]。陈晓宏等针对人类活动导致的水文要素变异问题分析了该领域研究进展，提出了加强人类活动和气候变化对水文要素变异驱动机理及贡献分解的量化研究，加强变化环境下的水文要素时空分异特性的分析诊断[49]。赵锐锋等对新疆塔里木河干流区土地利用/覆被变化过程以及生态环境效应进行了分析[50]；陈耀亮等应用 Bookkeeping 模型分析了三种 LUCC 方式对中亚森林碳库的影响[51]。赵忠贺等从土地覆被类型转移和土地覆被碳密度变化两方面模拟了西藏生态系统碳蓄积动态变化，并进行归因分析[52]。丛鑫等以济南市锦绣川流域为例利用 SWAT 模型模拟流域径流过程，通过遥感影像分析 1988 年、1996 年、2002 年、2009 年、2014 年夏季的系列土地利用和覆被变化，利用率定后的模型模拟降水条件相同而下垫面条件不同时的流域径流过程，定性评价流域土地利用和覆被变化的水文响应[53]。贾静等通过构建分布式水文模型分析了秦皇岛地区土地利用/覆被变化对径流的影响[54]。土地利用/土地覆被变化研究 1970 年前主要以土地利用现状调查和土地利用制图为主，着重于土地用途的差异分析；1970 年后随着遥感和计算机技术的发展，主要以土地覆被为主的分类系统为主，更多着重于土地类型的差异、影响及驱动力的分析。

1.2.2　变化环境下水循环要素研究进展

人类活动的剧烈影响，造成了水文循环过程很大程度的改变[55-58]。国际水文科学协会（International Association of Hydrological Sciences，IAHS）、联合国环境规划署（The UN Environment Programme，UNEP）、世界气象组织（WMO）、联合国开发计划署（The United Nations Development Programme，UNDP）和联合国教科文组织（United Nations Educational，Scientifie and Cultural Organization，UNESCO）等国际组织前后开展实施了一系列国际水文科学方面的合作项目或研究计划，如国际地球生物圈计划（International Geosphere - Biosphere Programme，IGBP）、国际水文计划（International Hydrological Programme，IHP）、政府间气候变化专门委员会（Intergovernmental Panel on Climate Change，IPCC）、世界气候研究计划（World Climate Research Programme，WCRP）和全球水系统计划（Global Water System Programme，GWSP）等，分别从全球、区域和流域等不同空间尺度探讨变化环境下的水循环影响机理和资源环境相关问题[59]。我国也相应地积极开展了一系列的水资源领域相关科学研究计划，围绕变化环境（全

球变化和人类活动)对水循环的影响研究开展了大量研究工作,旨在探讨变化环境下的水循环过程及水资源演变机理,系统评价各种驱动因子的相对作用与贡献。这些研究工作对于我国水资源合理利用及规划管理,防灾减灾及保证国民经济可持续发展具有重要意义。

国内外围绕变化环境下水循环要素变化的监测及驱动力分析方面开展了大量的研究工作,如变化环境下水循环要素的演变规律及趋势预测,量化与分离气候变化和人类活动对水循环过程变化贡献率,其中多数研究集中于分析两者对单一水循环要素的影响[49,60-61]。陈荷生考虑水资源条件和生物因素的关系,采用综合的分析方法,建立环境管理,水资源调控和监测系统以提高环境生态识别能力[62]。蔡丽敏从环境水文学的观点出发,应用水量平衡理论对福建省的水循环进行探讨,分析了福建省水汽输送,降水、蒸发及径流特性、地理分布和年际变化趋势,阐明了人类活动对水循环的影响以及水循环过程诸要素之间的相互关系,并对水量供需平衡进行分析[63]。冷疏影等在国家自然科学基金“21世纪核心科学问题”论坛提出研究区域变化环境对全球变化环境的影响和响应过程,其中包括人类活动对区域自然环境的影响机理[64]。张娜等建立了多尺度的空间显式景观过程模型,对中国东北长白山自然保护区生态系统碳-水循环变量和生产力的时空格局进行了模拟,其中年平均蒸发量和蒸散量的空间格局是模型的主要两个输出结果[65]。黄领梅对新疆和田河流域的气候、径流、耗水、人类活动的现状及演变规律进行研究,在此基础上分析了该地区的水量供需状况,确定了和田绿洲适宜的规模与灌溉面积[66]。贾仰文等开发了黑河流域水循环系统的分布式模拟模型,从水循环过程和能量循环过程对模型各要素的过程模拟进行了阐述,其中水循环过程包括蒸发蒸腾、入渗与径流、地下水运动、地下水流出和地下水溢出、坡面汇流与河道汇流、人工侧支循环等要素过程[67]。李洋运用 Kendall 秩次相关检验法定量研究了石羊河流域水循环要素年内、年际变化特征[68]。曹铮建立松辽流域的二元水循环模型，并应用该模型对松辽流域的水资源进行了综合分析，得出松辽流域水资源演变规律的主要特征[69]。丁文荣等分析了 1950 年以来龙川江流域气温、降水、水面蒸发和径流等水循环要素的变化情况[70]。宋晓猛等针对气候变化和人类活动对流域水循环要素的影响机制，从水文要素时空变化检测与归因的角度对主要研究结果进行回顾，探讨了变化环境下水循环要素变化的检测与归因分析研究方法[57]。李鹏选择陕西省宝鸡峡灌区为研究区，运用实际调研、水均衡分析与统计模拟计算相结合的方法，研究了变化环境对灌区地下水循环的影响，探讨了灌区水资源可持续利用的适应性对策[71]。在关中盆地，张蕾在对水面蒸发量、水体剖面温度及气候要素原位观测试验数据分析的基础上，依据区域水文气象实测资料分析了水体蒸发过程中垂直剖面水温变化过程，探讨水体温度和气象要素之间的相关关系[72]；付军分析了环境变化对区域水循环要素及水资源演变的影响[73]；吴林等探寻大气 CO_2 浓度改变条件下黑河中游绿洲区玉米不同生长阶段的农田耗水规律[74]。

蒸散发是水循环过程中水分平衡、能量平衡的主要项，蒸散量的计算有助于指导水资源的合理利用[75-78]。蒸散发过程既是热量交换的重要因子，又是水分循环的关键因子，用于表征地表-大气界面上的水分与能量交换及利用过程，在地表水分和能量循环研究中扮演着重要角色[79]。地表径流形成过程中，陆面降水约有 70% 水量通过蒸散发作用返回大气中，在干旱区高达到 90% 以上[80]。因此，蒸散发决定着区域土壤-大气界面水分收支状况，也是陆地表层水文循环中最大、最难估算的分量[81-84]。国内外蒸散发研究主要集中在潜在蒸散发和实际蒸散发两个方面。早期蒸散发研究可追溯到 1802 年，英国物理学家和化学家道尔顿（Dalton）综合了空气温度、湿度、风速对蒸发的影响，提出了反映蒸发面的蒸发速率与影响蒸发诸因素的"蒸发定律"，奠定了近代蒸发理论研究的基础。蒸散发研究中潜在蒸散发量计算经典的方法是 FAO（The Food and Agriculture Organization）修正的由英国科学家 HL Penman 提出的计算蒸发能力的半经验半理论公式彭曼公式[80]。1981 年，我国学者傅抱璞在基于对土壤蒸发过程的物理考虑和量纲分析，推导出适用于计算各阶段土壤蒸发的普遍公式，在我国蒸散发研究领域影响深广[85]。蒸散发影响因素众多，潜在蒸散发与实际蒸散发在不同情况下存在的"正比""互补"关系的讨论。丛振涛等收集了我国 353 个气象站气象数据，分析了不同地区蒸发量及气象因子变化趋势，得出了中国蒸散发"蒸发悖论"规律[86]。韩松俊等分析得出了我国不同农业区之间存在"蒸发悖论"规律的差异并进行了影响因素分析[87]。李敏敏等进行了我国北方农牧交错带"蒸发悖论"的探讨，分析了不同时间东北、华北、西北气温、降水和潜在蒸散量的变化规律[88]。王忠富等利用黑河流域 12 个气象站点资料，运用彭曼公式计算潜在蒸散量，分析得出风速变化是影响黑河流域河西走廊区"蒸发悖论"出现和消失的重要因素[89]。胡琦等利用全国 701 个气象站点逐日地面观测资料，研究了近 50 年中国干湿气候时空变化特征，发现 61.6% 的站点出现"蒸发悖论"结论[90]。

蒸发量的系统研究始于 1802 年，Dalton 通过试验数据提出著名的 Dalton 蒸发定律。由于区域地表下垫面条件的空间变异性，传统的区域蒸散发计算方法及尺度转化问题一直未能很好地解决，区域蒸散发量计算数据很难扩展到大尺度区域，区域蒸发量精确计算始终是困扰国内外相关领域学者的主要科学问题[91-92]。直到 20 世纪末遥感技术作为一种飞速发展的新兴技术手段，具有空间上连续和时间上动态变化的特点，能够很好地实现由点到面的转换，使得蒸散发研究尺度从点拓展到流域,分析时间与空间上蒸散发的变化规律。沃又谷深入分析了国内外蒸散发估算的各种概念性模型[93]。刘昌明等探讨了蒸发与蒸腾的水分传输过程,明确了各种蒸散发参数的确定方法[94]。胡凤彬等对加拿大 CRAE 蒸散发模型精度进行了检验[95]。张建云等研究了流域水文模型与气候模型在研究目的、研究方法、研究对象及时空尺度等方面的区别与联系[96]。郭玉川以蒸散产生原理为基础,结合遥感技术采用单层遥感模型 SEBAL 反演了新疆焉耆盆地不同土地类型蒸散过程[97]。宋璐璐等比较了蒸散发实测法和模型法算法的不同,分析了不同计算方法的原理和优劣性[82]。王海波等引入具有生物物理基础的 Penman - Monteith (P - M) 模型,实现了黑河流域日蒸散发的估算,同时实现了土壤蒸发和植被蒸腾的分别估算[98]。王祖方分析了黑河绿洲土地利用格局演变对区域蒸散发的影响[99]。薛丽君从水热耦合平衡理论开发,进行了嫩江流域实际蒸散发的估算[100]。施云霞通过遥感技术建立 SEBAL 模型,反演新疆精河流域蒸散发的时空变化特征、变化趋势及其主要影响因子[101]。随着遥感技术的发展,将遥感信息与地面观测的水文、气象实测资料相结合计算区域蒸散量已经成为一种行之有效的方法。

1.2.3 水循环过程模拟研究进展

水循环过程分析是流域水文循环机理研究的必然阶段,也是水文科学研究的新兴领域[102-103]。对分布式建模来说是获取更多的数据来提高模拟精度,基于现有的认知去建模并在应用中改进模型才是最重要的[104-106]。

水循环模型模拟研究始于 1969 年,Fereze 和 Harlna 于 1969 年发表的"一个具有物理基础数值模拟的水文响应模型的蓝图"的文章,象征着水文模型的研究开始时间[107-110]。真正意义上的第一个分布式水文模型是在 1976 年，由丹麦，法国及英国的水文工作者基于水动力学方程开发和改进的 SHE 模型（System Hydrological European）[111]。随后，Beven 和 Kirkby 于 1979 年提出半分布式水文模型 TOPMODEL 模型（Topographic Based Hydorlogical Model），基于 DEM 数据计算流域地形指数，从而通过地形指数来刻画下垫面的空间变化，模拟流域水文循环过程[112-115]。英国水文学者 Morris 于 1980 年开发了 IHDM（Institute of Hydrology Distributed Model）水文模型，根据流域地形坡面特征，将流域细化分为不同的水文单元，每一个水文单元包含有坡面流单元，一维明渠段以及壤中流[116-117]。SWAT 模型（Soil and Water Assessment Model）是由美国农业部农业研究中心开发的，模型将 GIS 和 RS 计算的空间信息作为模型输入，用以模拟流域水文循环过程[118-120]。随着计算机技术和人们对于水文现象的不断深入认识，一部分综合性和界面交互更加方便的水文模型相继被开发出来，如：Berstrom 等于 1995 年研制的 HBV 模型，美国陆军工程兵团开发的 HEC - HMS 模型以及 Leavesley 等开发的 USGS - MMS 模型等[121-126]。

国内 20 世纪 90 年代开始水循环过程模拟相关研究，目前也已取得较为显著的成果[103,127-132]。张海仑根据联合国教科文组织和世界气象组织国际水文学和水资源合理管理的科学基础大会，提出了当前水文和水资源科学分为三大类问题之一的水循环过程中各要素的研究，以便用之于水资源系统的规划设计和管理[133]。杨裕英研究了黄淮海平原地区地下水特征，结合地表水、土壤水和地下水三水转化特点，提出以水循环各要素为基础，以三水转化关系为架构的水文模型[134]。邓慧平分析了农田水循环水分传输过程并用数学方法进行了描述，建立了灌区农田水循环模型[127]。刘金清等概述了水文模型的分类、流域水文模型及其应用、水循环各子系统模型的研究、水文参数优选等[135]。何新林等考虑新疆天山中段积雪和降水不均等规律，通过对玛纳斯河流域进行分带处理，提出和构建了包含积雪融雪结构的水文模拟模型，并利用该模型预测了未来不同气候变化情况下的河道月均流量过程，得出了气候变化对新疆玛纳斯河流域水文水资源的影响[136]。郭生练等模拟小流域的降雨径流时空变化过程，构建了基于 DEM 的流域分布式水文模型[137]。王国庆等结合流域水文模拟技术剖析了水文循环中系统论方法的应用[138]。杨大文等采用了大网格离散化方法建立了黄河流域的水循环分布式水文模型，并在大网格内进行地形参数化处理，建立流域的分布式水文模型结构[139]。叶丽华以水平衡和水循环原理为基础，建立了不同区域的"四水"转化循环模型，并研究了模型的结构，计算方法以及模型参数的确定方法[140]。贾仰文等以二元水循环理论为基础研发了黑河流域水循环分布式水文模型[67]。张金英基于 SWAT 模型的拒马河上游地区土壤侵蚀研究及其影响因子分析[141]。王蕊等总结了国内外 16 种地表水和地下水水文耦合模型，分析比较了典型的"四水"转化模型、SWATMOD、MIKE－SHE、MODB-RANCH 模型[142]。张银辉等应用分布式水文模型 DEHYDROS 进行了河套灌区的水文学过程模拟研究[143]。刘昌明等研发了水文综合模拟系统（Hydro－Informatic Modeling System，HIMS），完成了时、日、月等不同尺度的水文模型，并在潮白河等流域取得了成功应用[144]。李慧等（2010）研究了流域综合分布式水循环模拟工具 EasyHydro，结合 GIS 空间技术引入参数计算分区等重要水文分块模拟思想，并提出模型单、多目标优化技术和参数敏感性分析方法[145]。赖正清等采用 SWAT 模型对黑河月径流量进行模拟[146]。范杨臻等利用数字高程、全球植被覆盖数据、土壤结构资料等构建淮河流域气象数据影响下的分布式陆面－水文耦合模型[147]。徐宗学等从水文气象要素趋势分析、大气环流模式（GCMs）评估、降尺度技术及其选择、水文模型及其选择、不确定性分析五大内容的研究成果进行回顾与展望，以拉萨河流域为例综合运用前述技术分析区域气候变化特征及其对流域径流的影响[148]。吴乔枫等采用新安江模型模拟了岩溶地区多年降雨径流过程，并探讨了流域非闭合特性影响下岩溶地区的水体流动模式[149]。目前水循环研究中自然水循环过程分析及模拟较多，而针对强人类活动地区，特别是农田系统在人类活动强烈干预下的水循环过程，包括强人类活动下的大气降水、地表水、土壤水和地下水的四水转化特征的定量分析研究较少。

从现有的文献资料可以看出，变化环境下水资源脆弱性与水文循环过程已经成为水资源领域科学的研究热点之一。气候变化和人类活动是变化环境的两个重要体现和组成部分，变化环境带来的水文生态效应问题也受到科学界的广泛关注[124,150-153]。遥感技术与传统水文循环过程分析相结合分析方法，具有相互补充、互相促进的作用，是研究流域水循环方式有效方法。玛纳斯河流域节水技术的大面积推广，大面积取用地表水和地下水灌溉以及水利工程等对水文过程都产生了巨大的影响，使得传统的水循环方式发生改变，需要考虑强烈人类活动对自然系统干扰深度和广度的不断加深，利用水文模型进行区域水文循环过程的真实描述，分析人类活动在区域水循环过程中的表达和模拟，对于变化环境下流域水资源管理的需求以及水资源高效利用具有重要的指导意义。

1.3 研究内容与技术路线

1.3.1 研究内容

本书以西北干旱区典型内陆河流域玛纳斯河流域为研究区域，以节水条件为主线，以水循环过程为核心，分析节水条件下流域水

15

土资源开发利用现状基础上，阐明节水条件对流域下垫面变化的影响过程，揭示节水条件下流域水循环要素影响规律，在此基础上构建节水条件下流域水循环过程模拟模型，进行不同节水程度下流域水循环过程模拟。本书的研究内容如下：

（1）节水条件下玛纳斯河流域水土资源开发利用分析。以玛纳斯河流域气候、地形地貌、土壤植被、水文地质和社会经济情况为基础，分析流域水土资源开发利用现状和农田灌溉发展过程；从人工渠系、用水结构和地下水埋深变化分析节水条件对流域水资源开发利用的影响，从灌溉面积、种植结构、产业结构和土壤盐碱等角度分析节水条件对流域土地资源开发利用的影响，分析节水灌溉技术在玛纳斯河流域水土资源开发利用过程中的驱动作用，通过构建"压力-状态-响应"模型综合评价节水条件下流域绿洲稳定性。

（2）节水条件下玛纳斯河流域下垫面变化。以遥感影像数据为基础资料，分析节水措施前后玛纳斯河流域耕地、建工用地、草地和林地等下垫面变化规律；通过土地类型转移矩阵分析得出各下垫面土地类型转移情况；分析节水前后土地利用动态度和结构变化，阐明节水条件下流域下垫面变化影响因素；结合流域节水措施的推广程度，分析节水措施下流域绿洲稳定性，为节水条件下流域水循环模拟提供下垫面基础数据。

（3）节水条件下玛纳斯河流域水循环要素规律分析。分析节水条件下玛纳斯河流域降水、径流变化规律，重点分析节水技术大面积推广后降水、径流变化趋势；通过膜下滴灌试验分析滴灌技术对土壤水分入渗以及土壤水分蒸发的影响；通过遥感解译手段从站点和区域两个方面分析节水条件下流域实际蒸散发（ET_a）和潜在蒸散发（ET_p）变化规律，确定不同土地类型蒸散发量，为节水条件下流域水循环过程模拟提供降水、蒸发和入渗参数基础数据。

（4）节水条件下玛纳斯河流域水循环过程模拟。分析节水条件下玛纳斯河流域地表-地下水转化过程；结合流域下垫面及水循环要素变化规律，构建山区径流模拟和绿洲区地下水数值模拟模型，进行模型参数选择及验证；模拟传统灌溉、常规节水灌溉和强化节水灌溉方式下流域地表-地下水转化过程，分析比较不同灌溉方式下地下水水均衡情况，确定不同节水程度下流域地下水位降深，为流域节水灌溉及农业可持续发展提供科学依据。

1.3.2　研究技术路线

首先根据本书项目研究的需要，对研究区域已有的遥感数据、DEM、矢量地形图、土地利用图、土壤类型图、水文和气象观测数据等进行系统整理、建库，在流域采集一定数量的水文、气象观测点数据。在此基础上，针对具体的研究目标和研究内容，以节水技术为主线，按照"水土资源开发利用分析-下垫面变化及驱动力分析-水循环要素规律分析-水循环过程模拟"的技术路线开展研究，技术路线如图 1.1 所示。

其具体研究方法如下：

（1）下垫面变化。在对 MSS 和 TM/ETM 影像数据进行几何精纠正、正射投影等预处理基础上，利用 eCognition8.7 进行土地利用类型分类，得到不同时期土地利用类型及面积；以 1999 年节水技术大面积推广为界，分析节水前后不同土地利用类型的变化规律；通过主成分分析方法得出下垫面变化的驱动因素，利用模糊综合评判方法进行绿洲稳定性综合评价，为节水条件下流域水循环模拟提供下垫面基础数据支撑。

（2）水循环要素分析。采用统计分析方法分析节水条件下流域径流和降水演变规律；通过室外试验方法分析节水条件对入渗及蒸散发水循环过程的影响；通过 MOD16 蒸散发影像产品进行解译处理，建立 2000—2014 年玛纳斯河流域实际蒸散发（ET_a）和潜在蒸

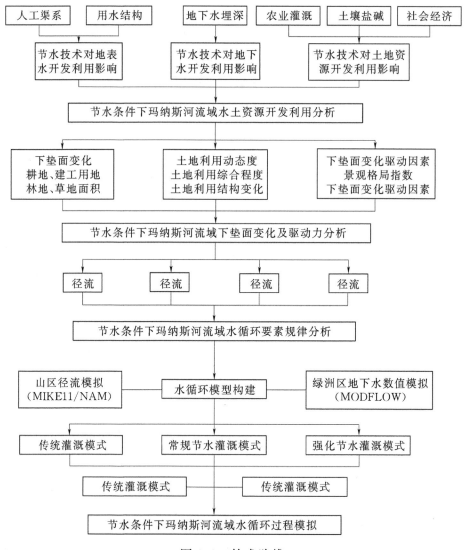

图 1.1 技术路线

散发（ET_p）数据集，分析节水条件下玛纳斯河流域蒸散发时空分布规律，确定不同下垫面条件的蒸发量，为节水条件下流域水循环模拟提供依据。

（3）水循环过程模拟。山区融雪径流模拟采用 MIKE11/NAM 模型进行模拟，模型所需的输入数据包括气象数据、流量数据、流域参数和初始条件；绿洲区地下水数值模拟采用 Visual - MODF-LOW4.2建立地下水三维有限差分数值模拟模型，并对模型进行参数选择及验证。设置不同节水程度方案，计算不同节水程度下流域地下水水均衡及地下水位降深，为区域水资源合理开发及节水技术的持续推广应用提供科学依据。

1.4　本书的章节安排

本书共分6章，具体章节安排如下：

第1章主要介绍本书的研究背景，研究目的和意义，国内外研究现状分析，以及主要的研究内容、技术路线和论文整体组织结构。

第2章主要从玛纳斯河流域概况、水资源开发利用分析、土地资源开发利用分析和水土资源开发利用存在的问题这四个方面进行总结与分析，为节水条件下流域水循环研究打下背景基础。

第3章主要借助遥感解译方法反演流域下垫面变化过程，分析流域土地利用动态度，确定流域下垫面变化驱动因素，综合评价流域绿洲稳定性，土地利用数据主要通过 MSS 和 TM/ETM 影像反演获得，下垫面变化研究为节水条件下流域水循环模拟提供土地数据支持。

第4章从降水、径流、入渗和蒸散发影响因子入手，分析节水技术对水循环要素的影响。利用 MODIS16 蒸散发影像产品，结合水热平衡理论，分析得出流域实际蒸散发和潜在蒸散发影响规律，确定不同土壤类型蒸散发量，为节水条件下流域水循环模拟提供降水、蒸发和入渗参数支持。

第5章根据数据分析和试验结果构建山区径流模拟模型和绿洲区地下水数值模拟模型，对模型的精度进行验证。根据流域不同节水程度灌水方案开展节水条件下流域水循环过程模拟研究，确定不同节水条件下地下水均衡及地下水位降深，为流域农业可持续及水资源合理利用提供科学依据。

第 6 章对论文进行总结，并对本书研究的不足之处及下步的工作进行了相应展望。

第 2 章 节水条件下玛纳斯河流域水土资源开发利用分析

2.1 玛纳斯河流域概况

2.1.1 自然地理

玛纳斯河流域处于欧亚大陆中心区域，天山北坡中段，准噶尔盆地南缘，行政上主要包括新疆石河子市、玛纳斯县和沙湾县，地理位置为 N43°27′～N45°21′，E85°01′～E86°32′，流域面积 34050km²。玛纳斯河灌区下设石河子灌区、下野地灌区、莫索湾灌区三个子灌区。其中石河子灌区位于玛纳斯河中游西岸，包括 143 团、152 团、石河子市、石总场、农科院试验农场和石河子大学试验场等单位。下野地灌区位于金沟河灌区以北，克拉玛依市以东，主要包括兵团第八师的 121 团、122 团、132 团、133 团、134 团、135 团、136 团和克拉玛依市的小拐乡。莫索湾灌区东连玛纳斯县灌区和新湖总场灌区，西面、北面均为古尔班通古特沙漠，包括兵团第八师的 147 团、148 团、149 团和 150 团。

2.1.2 气候特征

玛纳斯河流域远离海洋，气候干燥，蒸发量大，属于温带大陆性干旱气候区[154-155]。总体特点是四季气温悬殊,干燥少雨。冬夏季长而春秋季短,降水量时空差异大,干旱指数为 4.0~10.0,年均降水量为 115~200mm,年均蒸发量为 1500~2100mm,年均气温为 4.7~5.7℃,积温为 2400~3500℃,无霜期为 160~180d,年均日照时间为 2600~3000h,年总辐射量为 126~135kcal/cm²。近50 年来玛纳斯河流域最热月平均气温 24.8℃,最冷月－16.1℃,年极端气温－42.8~43.1℃,相差近 86℃,年均气温线性倾向率为 0.41℃/ (10a)。

受海拔、地形地貌等因素影响,玛纳斯河流域由南至北气象条件空间差异性显著,其气象因子统计见表 2.1,流域大致可分为三个农业气候区[4]:

(1) 天山北麓前山温润和半干旱区。包括 143 团紫泥泉镇农区及冬春牧场、142 团的博尔通沟地区。地表高程为 600~1400m,多年平均降水量为 290mm 左右,多年平均气温为 4.9℃,极端最高气温接近 37.2℃,极端最低气温为－35.3℃,不低于 10℃的积温平均为 2400~2700℃,无霜期约为 150d。

(2) 盆地边缘温暖干旱农业气候区。包括石河子市、143 团、147 团、142 团。地表高程为 400~600m,多年平均降水量约为 150~200mm,多年平均气温约为 6.6℃,极端最高气温为 41.3℃,极端最低气温为－38.9℃,不低于 10℃的全年积温约为 3400~3550℃,无霜期约为 175d。

(3) 沙漠边缘干旱农业区。包括下野地和莫索湾灌区。地表高程为 300~400m,多年平均降水量约为 120~150mm,多年平均气温约为 8.1℃,潜在蒸散发量约 1700~2500mm,不低于 10℃的全年积温约为 3550~3600℃,无霜期约为 160d[156]。

近 60 年来,玛纳斯河流域经历了一个增温趋湿的过程。20 世纪 60 年代年平均气温有明显下降趋势,70年代处于波动期,从80

表 2.1   玛纳斯河流域气象因子统计表

气象站	平均气温 /℃	最高气温 /℃	最低气温 /℃	降水量 /mm	日照时数 /h	平均风速 /(m/s)
石河子市	7.4	42.2	−39.8	210.6	2754.9	1.5
下野地	8.1	43.1	−43.1	154.2	3061.1	2.4
莫索湾	7.6	43.1	−42.2	147.5	3012.9	2.4
安集海	7.4	42.3	−43.1	197.2	2283.4	2.2

年代开始，流域增温趋势较为显著，说明玛纳斯河流域从 20 世纪 80 年代开始温度逐渐升高，有变暖趋势。在空间分布上，温度变化呈现由南向北随地势降低而升高的基本特征。玛纳斯河流域平均气温分布如图 2.1 所示。

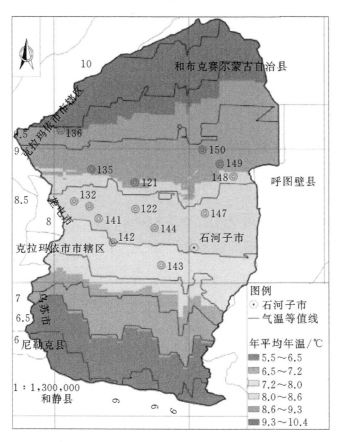

图 2.1   玛纳斯河流域平均气温分布

23

2.1.3　地形地貌

玛纳斯河流域地势由东南向西北倾斜，海拔最高为 5442.5m，最低为 256m，由南向北依次流经山地、平原、沙漠三大地貌单元（比例约为 2.08∶1∶1.07）[157]。经过海陆变迁、造山运动和水系演化等过程形成了典型的山盆系统格局[158-159]。流域由南向北根据其地形地貌特点和自然景观依次有高中山区带、中低山丘陵带、低山丘陵带、山前倾斜平原带、冲洪积平原带及风积沙漠带等景观[157]。

（1）高中山区带。海拔在 2500～4000m 以上，以古生代的变质岩系为主，伴有火成岩侵入，山势陡峭，裂隙发育，现代冰川相当活跃，山溪性内陆河流均发源于此，区域性大断裂带横贯东西，与中低山带分界明显。

（2）中低山丘陵带。属于第二列构造带，呈东西走向，形态受构造控制，南缓北陡，海拔为 1000～2500m。

（3）低山丘陵带。由于强烈的剥蚀作用，形成高数十米乃至百米的低山丘陵，海拔 500～1000m，表层覆盖第四系黄土类及冰水砾石层，基层多为基岩。

（4）山前倾斜平原带。由冲洪积扇构成，自南向北地形坡降为 11‰～33‰，地表主要覆盖沙土、壤土、黏土夹砾石，下部沉积卵砾石厚度为 300～400m。

（5）冲洪积平原带。形成于早期的冲洪积作用，区内景观呈现平坦状，绿洲农业灌区主要分布于此。地势由东南向西北倾斜，地形坡降为 5‰～11‰。区内中下游发育有良好的微地貌，古河道、洪水冲沟及先前河床形成了一系列的槽状洼地。平原堆积物部分为早期洪流搬运来的第三纪泥岩，含有较高盐分。

（6）风积沙漠带。区内沙漠分布在垦区北部，属于古尔班通古特沙漠。沙丘堆积系形成于自西北的阿拉山口风的搬运过程。风沙搬运过程到达盆地之后,在原始地形和荒漠植被的阻挡下,形成不同方向的风,因而形成不同形态的沙漠景观。

2.1.4 土壤植被

玛纳斯河流域不同地貌单元内土壤类型和植被分布差异明显。空间上由南至北,山区主要的土壤类型为亚高山草甸土、棕韩土、高山草甸土、灰褐土、栗土;平原区主要为草甸土、灰漠土、风沙土、新积土、潮土、沼泽土、盐土等。从东向西,各河冲积扇扇缘带状分布有草甸土和沼泽土。由南至北灰漠土生物累积逐渐减弱,盐化逐渐加强。冲积平原地势平坦,上部靠近冲洪积扇缘部分土质以黏壤土、黏土为主,中、下部土质偏沙性,表层保水性较差,水盐易向下层沉积。平原绿洲灌区土壤质地较为适中,其中中壤和轻壤土所占比例约为83%,适于农作物生长。土壤盐渍化发生的主要部位为冲积扇边缘,地下水埋深较浅,水分运移不畅。地带性植被主要是以柽柳、盐穗木、琵琶柴等为建群种的小灌木荒漠[160-163]。

2.1.5 水文地质

玛纳斯河流域地貌主要分为Ⅰ~Ⅴ亚区,分别是高中山区、中低山丘陵区、山前冲洪积扇区、冲洪积平原区和沙漠区。各亚区地下水特性分别为基岩裂隙水分布的强富水区、山间洼地孔隙裂隙水分布的强富水深埋藏潜水亚区、低山丘陵裂隙水分布的贫水亚区、富水性极强的深埋藏潜水亚区、富水性强的浅埋藏潜水与承压(自流)水亚区、富水性弱的潜水与富水性中等的承压(自流)水亚区、富水性弱的潜水与承压(自流)水亚区和弱富水性潜水承压水亚区。玛纳斯河流域水文地质分区如图2.2所示。

图 2.2　玛纳斯河流域水文地质分区

2.1.6　水土资源开发历程

玛纳斯河流域经过几十年的水土开发，随着水资源开发利用程度和灌溉水平的提高，流域农田灌溉方式从最初的大水漫灌、沟灌发展到膜下滴灌方式，灌溉水利用效率逐步提高。流域水土资源开发大致经历了如下四个阶段。

第一阶段：1949—1958 年，引用河水灌溉阶段。以石河子为基地的玛纳斯河流域开始进行大规模的农垦，农田水利等基本设施开始兴起，修建了玛纳斯河东岸大渠、西岸大渠、新户总干渠和安集海大渠。流域内的主要灌溉方式为大水漫灌和沟灌，灌溉定额为 $800 \sim 1000 m^3/$亩，渠系水利用系数仅为 0.3，作物单产小于 $100 kg/$亩，流域工业化与城市化程度较低。

第二阶段：1959—1976 年，水库渠系联合灌溉阶段。在此期间流域实施开荒扩大耕地面积，耕地面积增长迅速。由于灌溉面积的扩大，自然河道地表引水已经不能满足灌溉需要，发展为水库渠系联合灌溉阶段。水库主要以蘑菇湖、大泉沟、夹河子、大海子等大中小平原水库为主，玛纳斯河流域水系基本形成。玛纳斯河下游大片荒漠地区、沼泽和盐碱地被开发成新绿洲，集中开发形成莫索湾灌区和下野地灌区。

第三阶段：1977—1998 年，渠、库、井联合灌溉阶段。因传统灌溉方式和灌排系统不完善，此阶段耕地面积增加缓慢。主要渠道进行了防渗处理，推行畦灌和细流沟灌，综合灌溉定额降到 $400 \sim 600 m^3/$亩。河流两岸低洼地带的荒漠草原被开发成新绿洲，地下水开采范围从地下水溢出带扩大到整个绿洲，莫索湾绿洲、下野地绿洲、安集海绿洲、石河子绿洲逐渐开始相连，绿洲外围基本成型。

第四阶段：1999 年至今，膜下滴灌阶段。膜下滴灌技术在下野地灌区试验成功后，流域内迅速开始推广此项高效节水灌溉技术，玉米、小麦、冬瓜和果树等农作物都开始实行膜下滴灌技术，综合灌溉定额降到 $350 \sim 400 m^3/$亩。滴灌系统代替农渠，干、支、斗、农渠长度增加趋势逐渐变缓，耕地面积得到了大大的增加，流域水土资源利用效率明显提高。

玛纳斯河流域灌溉方式的演变是一个漫长的过程，通过不断的改良灌溉技术，加速了绿洲化进程，流域人口与经济承载力大大提高，节水技术的应用对新绿洲农垦产业形成起了巨大的推动作用，土地结构与功能的改变对流域的生态环境也产生了深远的影响。

2.2 节水条件下水土资源开发利用分析

2.2.1 地表水资源开发利用分析

2.2.1.1 地表水资源量

玛纳斯河流域自东向西分布有塔西河、玛纳斯河、金沟河、宁家河、巴音沟河，均发源于天山北坡中段依连哈比尔尕山（5442.5m），源头区现有冰川面积608km²，孕育着河流800条[4,164-166]。河流贯穿了山地-绿洲-荒漠系统，由南向北平行注入准噶尔盆地，呈十分典型的梳状水系[167]。玛纳斯河流域河流特征参数见表2.2。

表 2.2 玛纳斯河流域河流特征参数表

河流名称	集水面积/km²	长度/km	多年平均年径流量/亿 m³	径流系列
玛纳斯河	5156	324	13.41	1954—2014 年
宁家河	254	100	0.73	1956—2013 年
金沟河	1688	124	3.53	1962—2013 年
巴音沟河	1579	160	3.10	1959—2014 年
塔西河	664	120	2.30	1957—2014 年
合计			23.06	

玛纳斯河流域多年平均总径流量约20.76亿 m³，其中玛纳斯河占64.2%。由于流域内各河流主要依赖冰川融化和大气降水补给，径流年际变化不大，C_v 值为0.14。径流年内分配极不均衡，四条河流1—5月径流量占全年径流量的12.92%，6—8月径流量占全年径流量的68.16%，9—10月径流量占全年径流量的13.67%，11—12月径流量占全年径流量的5.25%。玛纳斯河是流域内流程最长、流量最大的河流，发源于依连哈比尔尕山乌代肯尼河的43号冰川，径

流补给主要由海拔 3600m 以上冰川积雪的融化和降水，是准噶尔盆地内陆区规模最大的河流。清水河为玛纳斯河最大的支流，于肯斯瓦特水文站上游 2km 处汇入玛纳斯河，河道末端原有尾闾湖泊玛纳斯湖，但中游夹河子水库兴建后河道水流很少能到达小拐，小拐之后河道常年断流。玛纳斯河全长 420km，流经山前绿洲，最终汇入准噶尔盆地西北部的玛纳斯湖，水循环在独立的水系内进行，在山区形成径流，在平原区消耗与转化[168-171]。

目前，玛纳斯河流域年引用地表水可达 19.84 亿 m³，占可利用地表水量的 95.6%，成为新疆水资源利用率最高的地区之一。玛纳斯河流域地处干旱、半干旱内陆地区，水资源矛盾十分突出，为了提高水资源利用率，近年来修建了大量的引、蓄、输、灌等水利工程。截至 2015 年，流域已建成大、中、小型水库 16 座，其中山区水库 1 座，肯斯瓦特水利枢纽总库容 1.88 亿 m³，其余 15 座水库均为平原水库，设计总库容 5.81 亿 m³[172]。平原水库大多建成于 20 世纪 50—80 年代，工程标准较低。由于地表水的大量使用，导致河流断流、湖泊干涸、生态用水被进一步挤占，下游地区地下水位下降，而地下水与植物生长、植被种群演替以及绿洲的发展有着直接的关系，使得部分地下水位下降严重区域依靠地下水为生的乔、灌、草等荒漠植被缺水局部退化。玛纳斯河灌区典型水库库容见表 2.3。

表 2.3　　　　　　**玛纳斯河灌区典型水库库容表**　　　　　单位：亿 m³

水库名称	总库容	调洪库容	兴利库容	死库容
蘑菇湖水库	1.8		1.75	0.005
大泉沟水库	0.4		0.387	0.013
夹河子水库	1.2466	0.4848	0.4628	0.182
跃进水库	1.018		0.761	0.257
肯斯瓦特水库	1.88	0.3828	1.12	0.404

2.2.1.2　人工渠系变化

截至 2016 年，玛纳斯河流域地表水资源开发利用率达 95.6%，地表水引用已接近饱和。灌区自 20 世纪 50 年代建成，区内引水干渠有总干渠、安集海总干渠、莫索湾干渠、沙干渠、西岸干渠、石河子总干渠等，总长 467.6km，其中防渗渠长 182.6km，防渗率 39.1%；输水渠总长度 539km，其中防渗渠道长 303km，防渗率 56.21%；取水干渠总长 535km，防渗率 82.2%；支渠总长 1031km，防渗率 80.1%；田间斗渠总长 3501km，防渗率 39.4%[173]。1976 年以后，由于流域水利工程的实施，伴随水库的竣工以及渠系的完善，人工水域得到大面积发展，水域面积逐步增加，而天然河流的长度变化不大，导致人工渠系取代天然水系。1976—1997 年是人工渠系发展速度最快的阶段，人工渠系长度增加 0.89 倍。1999 年以后，随着节水滴灌技术的大面积应用于农业灌溉，大量田间农渠被填埋，人工渠系长度有所下降，1997—2013 年间人工渠系长度减少 0.69 倍。玛纳斯河流域人工渠系长度见表 2.4。

表 2.4　　　　　　　玛纳斯河流域人工渠系长度　　　　　　单位：km

年份	干渠	支渠	斗渠	农渠	总长度
1976	920	722	2469	6328	10439
1989	1013	815	3059	9665	14552
1997	1058	955	3172	14517	19702
2006	1075	1056	3552	9399	15082
2013	1170	1260	3674		6104

2.2.1.3　用水结构变化

玛纳斯河流域农业用水比例较高，因此，农业节水是控水的关键。节水灌溉技术大幅提高了农业水资源利用效率，将农业节省的水资源向其他行业转移，随着节水技术不断发展，用水结构转移步伐稳步提升，但农业用水所占比例仍然维持在 94% 以上[174-175]。玛纳斯河流域用水结构及用水比例见表 2.5 和图 2.3。

用水结构	1990 年	1995 年	2000 年	2005 年	2010 年	2015 年
农业用水	96.53	96.04	95.65	94.57	94.27	94.03
工业用水	1.53	1.83	2.28	3.24	3.20	3.53
生活用水	1.1	1.11	0.82	1.18	1.36	1.42
生态用水	0.84	1.01	1.25	1.01	1.18	1.02

表 2.5 　　　　　玛纳斯河流域用水结构　　　　　单位：%

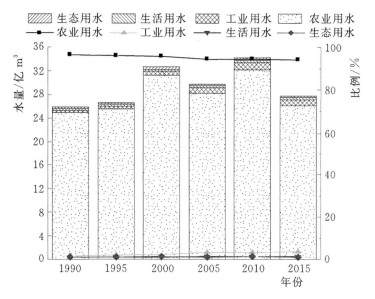

图 2.3　玛纳斯河流域用水结构及用水比例

2.2.2　地下水资源开发利用分析

2.2.2.1　地下水资源量

玛纳斯河流域地下水均来自山前冰雪融化补给和边界侧向补给，但在水源形成、转运与贮存上与地表水有所不同。地下水变化除受地表水垂直补给影响外，流域含水层结构的断层分布和地层岩性结构是主要影响因素。山区地表汇流进入山前倾斜平原区通过径流散失区渗漏补给地下水，形成强大的地下径流向下游排泄[176]。根据《八师石河子市地下水利用与保护规划报告》可知，石河子市地下水资源量为 5.87 亿 m³，地下水可开采量为 3.92 亿 m³，地下水综合开采系数为 0.67。

　　灌区地下水主要是由地表水通过多种途径转化而来，河流入渗、渠系渗漏、田间入渗、水库渗漏和开采回归入渗占补给总量的 63.4%。虽然地表水是地下水补给量的主要来源，但侧向入渗补给量也是其重要的组成部分，占到总补给量的 29.7%，降水入渗补给量所占比重非常小，不到补给总量的 2%。地下水排泄以地下水人工开采为主，占总排泄量的 57.1%，其次是潜水蒸发，占到了 18.8%。玛纳斯河流域平原区地下水补给及排泄情况如图 2.4 所示。

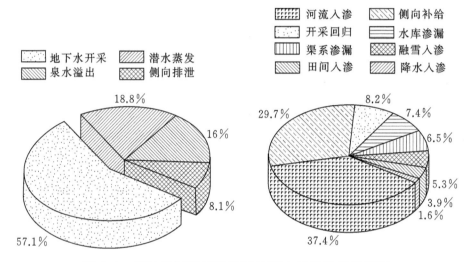

图 2.4　玛纳斯河流域平原区地下水补给及排泄情况

2.2.2.2　地下水资源开发利用分析

　　玛纳斯河流域目前地下水开采量为 4.22 亿 m^3，地下水资源开采量由 1984 年的 47% 上升到了现在的 61%，地下水的开采作为灌溉水源逐渐增加，地下水的利用率不断攀升。区域内石河子灌区总用水量最大，为 13.47 亿 m^3，用水比例高达 56.76%，其中地表水开采占 53.11%，地下水开采占 74.21%。

　　玛纳斯河流域是典型的"荒漠绿洲，灌溉农业"。1999 年以前，灌区灌溉方式主要为漫灌，自 1999 年开始，灌区大面积推广节水灌

溉技术，地下水补给减少，加之地下水开采量逐年增加，在灌溉开
采量和蒸发量的影响下，流域地下水位呈持续下降趋势，主要集中
在中游的石河子市区及下游古尔班通古特沙漠边缘[176]。玛纳斯河
流域地下水分布变化如图 2.5 所示。

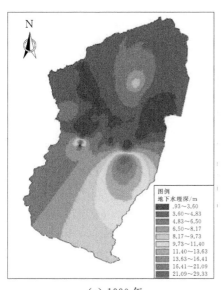

(a) 1990 年

(b) 1996 年

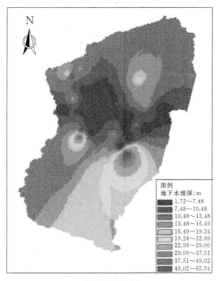

(c) 2015 年

图 2.5 玛纳斯河流域地下水分布变化图（1990 年、1996 年、2015 年）

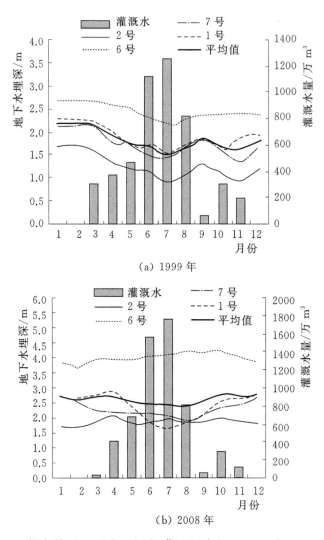

图 2.6　节水前后地下水埋深与灌溉用水量（1999 年、2008 年）

如图 2.6 所示，20 世纪 90 年代末，玛纳斯河流域 148 团地下水平均埋深 1.6~2.2m，最大埋深为 2.7m，年内变幅为 0.6m，受灌溉补给影响，地下水位年内变化显著；2008 年，地下水平均埋深维持在 2.7m 左右，最大埋深为 4.5m。同时节水技术的应用，使得灌溉补给量的减少，地下水位逐年呈下降趋势，同时地下水位年内变化幅度降低。10 年间地下水平均埋深由 1999 年的 2.2m 下降至

2008 年的 2.7m,下降幅度为 26.4%。应用 SPSS12.0 软件对地下水影响因素进行主成分分析得出,灌溉用水量、蒸发强度和降水量是影响流域地下水埋深的主要因素[176]。玛纳斯河流域地下水埋深变化影响因素情况见表 2.6。

表 2.6　　　　玛纳斯河流域地下水埋深变化影响因素情况

研究区	特征值及贡献率	蒸发量 D_1	降水量 D_2	灌溉用水 D_3	地表水用水量 D_4	径流量 D_5
147 团	特征值	3.409	0.954	0.351	0.194	0.092
	贡献率/%	68.173	19.089	7.012	3.877	1.848
148 团	特征值	3.273	0.956	0.408	0.258	0.106
	贡献率/%	65.461	19.115	8.153	5.157	2.114
149 团	特征值	3.429	0.954	0.347	0.175	0.094
	贡献率/%	68.581	19.084	6.942	3.509	1.884
150 团	特征值	3.401	0.947	0.359	0.187	0.106
	贡献率/%	68.013	18.949	7.172	3.746	2.119

2.2.3　土地资源开发利用分析

2.2.3.1　灌溉面积变化

玛纳斯河流域推广节水灌溉技术之前,灌溉面积呈波动小幅增长状态,1949 年中华人民共和国成立初期流域灌溉面积为 37.1 万亩,直至 1999 年开始推广节水灌溉技术时流域灌溉面积 231.8 万亩,年均增长 3.8 万亩;1999—2015 年灌溉面积年均增长 9.4 万亩。1999 年流域节水技术开始大面积推广后,灌溉面积年均增长速度增加 1.47 倍,灌溉面积由波动转变为小幅增长,进而转变为大幅增长趋势。节水前后玛纳斯河流域灌溉面积变化如图 2.7 所示。

2.2.3.2　种植结构变化

流域用水结构受流域农业、工业、生活用水影响。农业用水作为主要用水项目,用水比例多年始终维持在 94% 以上,是影响玛纳

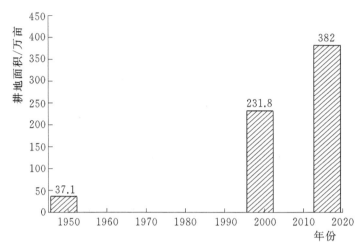

图 2.7　节水前后玛纳斯河流域灌溉面积变化图（1949 年、1999 年、2015 年）

斯河流域用水系统变化的主导产业。几十年来，由以粮食作物生产为主的种植结构转变为以棉花生产为主的现代农业种植结构，到 2014 年全流域棉花种植比例达到 73.4%，远超小麦、水稻等其他粮食作物种植比例，种植结构的转变也促使用水问题的产生，使得水资源供需矛盾日益突出[175,177]。

玛纳斯河流域种植结构演变可分为 5 个阶段：

第一阶段为 1950—1961 年，主要为耕地面积扩张阶段，粮食作物、经济作物以及其他作物播种面积均不断扩大。

第二阶段为 1962—1978 年，主要是种植结构过渡阶段，播种总面积在一定范围内波动，作物种植以粮食作物为主向棉花与其他作物种植面积转移，种植结构比较协调。

第三阶段为 1979—1989 年，主要为种植结构转型阶段，在这个基础上耕地面积变化不大，但是结构发生明显的变化。小麦、玉米等粮食作物以及其他作物播种面积出现减少趋势，棉花播种面积开始逐渐增加。

第四阶段为 1990—2007 年，主要为节水灌溉种植模式，由于节水技术开始得以推广，小麦、玉米等粮食作物以及其他作物播种面积出现进一步减少，棉花播种面积急剧增加。

第五阶段为2008—2014年，主要是种植结构调整阶段，棉花种植比例开始缓慢减少，粮食等作物种植比例有小幅增加。

2007年至今，随着种植结构的不断调整，种植结构得到进一步的优化，经济作物用水比例达到了91.5%，仍处于较高水平，农业用水比重严重偏向于经济作物灌溉，较为单一的作物集中用水加剧了垦区水资源紧缺状态。玛纳斯河流域作物种植结构如图2.8所示。

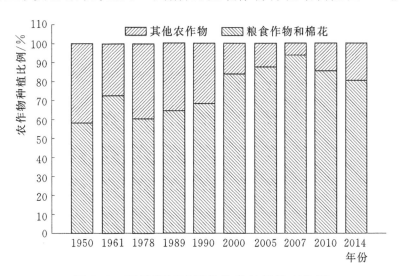

图2.8　玛纳斯河流域作物种植结构变化图

2.2.3.3　产业结构变化

玛纳斯河灌区第一产业GDP、第二产业GDP和第三产业GDP如图2.10所示，灌区国民生产总值由1990年6.3亿元增长至2015年315.8亿元。节水技术推广前国民生产总值年均增长1.6亿元，1999年节水技术大推广后国民生产总值年均增长42亿元。

节水技术推广前各行业GDP呈小幅增长，第一、第二、第三产业年均增长值分别为1.83亿元、2.23亿元和2.06亿元。1999年之后大幅增长，其年均增长值分别为9.0亿元、17.2亿元和13.7亿元。节水灌溉技术大面积推广应用，使得农业种植面积迅速增大，带动了农业生产及相关产业链的快速发展，灌区国民生产总值大幅增长。节水前后玛纳斯河灌区国民生产总值（GDP）变化如图2.9 所示。

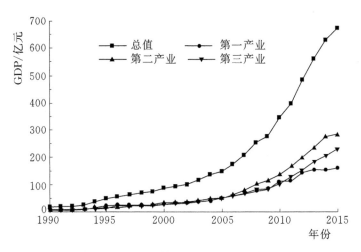

图 2.9　节水前后玛纳斯河灌区国民生产总值（GDP）变化图

2.2.3.4　土壤盐碱化

2000 年以前玛纳斯河流域基本处于漫灌状态。而后节水滴灌作为先进的灌溉技术逐步应用到玛纳斯河流域农业生产。截至 2016年，流域滴灌面积占耕地面积达 94.8%。玛纳斯河流域的灌溉方式经历了大水漫灌—细流沟灌—畦灌—膜上灌—软管灌—膜下滴灌等一系列过程，水资源利用率不断提高，垦区农业由传统农业逐步向节水型农业发展。1996 年膜下滴灌大田试验成功，节水滴灌技术节约 30% 水资源，可有效降低地下水位，减少土壤盐碱化危害。

玛纳斯河绿洲农田滴灌方式影响土壤水盐运移及盐分分布规律，土壤含盐量增长危害棉花生长，影响作物产量。玛纳斯河流域土壤盐分含量为 0.1~30g/kg，分为非盐渍化、轻度、中度、重度盐渍化土壤四个级别。其中，非盐渍化耕地面积占耕地面积69.26%，轻度盐渍化面积占耕地面积的 24.87%，中度和重度盐渍化农田分别占耕地面积的 5.56% 和 0.3%[178]。玛纳斯河流域不同程度盐渍化土地面积比例见表2.7。

表2.7　　　玛纳斯河流域不同程度盐渍化土地面积比例

土 壤 类 型	面积/hm²	盐渍化耕地占耕地面积比例/%
重度盐渍化耕地	3245.33	0.30
中度盐渍化耕地	59963.62	5.56
轻度盐渍化耕地	268102.27	24.87
非盐渍化耕地	746507.26	69.26
灌区周边盐渍化土地	415478.49	

　　不同灌溉模式的应用对于土壤盐渍化影响不同。玛纳斯河流域节水灌溉措施大面积普及之前，在冲积平原、干三角洲和洪积冲积扇扇缘等地区土壤盐分积累问题严重。土壤盐渍化现象严重的区域主要集中在地下水埋深较浅，含水层水量丰富且流动不畅的区域。根据流域土壤类型可以看出，绿洲平原区表层土壤主要以灰漠土为主，因为降水量少，故植被覆盖程度较低，土壤中有机质含量较低。随着流域耕地面积扩张，原本不适宜种植耕作的盐碱地被进一步开发，在长期的农业耕种和灌溉作用下土壤质地由盐土、盐化草甸土、潮土等非地带性土壤向灌耕土和潮土转变，土壤盐渍化程度得到进一步改善。同时，也有部分土壤开荒后，由于不合理的灌溉及自然条件的限制，次生盐渍化严重[179]。2000年以来膜下滴灌技术的大面积推广，流域地下水补排方式发生改变，流域轻度、中度、重度盐渍化土壤面积分别减少8.7%、55%和71%，整体盐渍化程度降低。漫灌改滴灌不同程度盐渍化土壤面积变化如图2.10所示。

2.2.4　流域水土资源开发利用存在的问题

　　流域水土资源开发利用存在的问题有以下几个方面：

　　（1）水资源开发利用率过高。农业规模不断扩张，人口快速膨

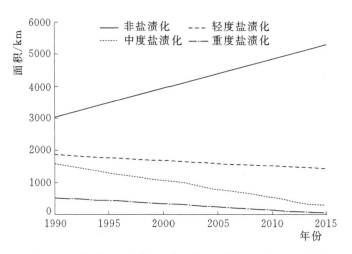

图 2.10　漫灌改滴灌不同程度盐渍化土壤面积变化

胀，使流域用水急剧增加。由于受到水资源总量的限制，水资源进一步开发潜力有限，水资源供应无法适应绿洲规模的急剧扩张[180]。目前，玛纳斯河流域地表用水量 19.84 亿 m³，开发利用率达 95.6%。《国际河流利用规则》提出河流调水量不得超过调出河流总量的20%，河流本身开发利用率不得超过40%，否则将造成生态环境的破坏和河流的枯竭。流域水资源利用状况接近超支状态，地下水开采利用量已超出合理开采量，地下水补排处于负均衡状态，地下水埋深不断增大。

　　（2）农业用水比例偏大。玛纳斯河流域地表水大量是用于农田灌溉，是新疆水资源利用率最高的地区之一。节水技术的推广促使流域取得了显著的经济效益和社会效益，但流域各灌区农业用水却居高不下，农业灌溉用水占总用水量的94%以上。由于流域农业用水占据大部分可用水量，造成其他行业用水紧张，限制了流域可持续发展。同时过分追求经济效益导致过度开采地下水，致使地下水超采严重。近年来，为了满足流域工农业用水，流域大量打井开采地下水，导致地下水位下降极为显著，加剧了水资源危机并会产生后延性影响。

（3）地下水位持续下降。流域水资源过度开采利用致使地下水埋深持续增加，直接导致土壤中水盐平衡被打破，造成土地荒漠化、次生盐渍化以及大面积荒漠植被死亡等现象[181]。从空间分布上分析地下水开采量较大的地区主要集中在城市和大型团场，而这些地区人口比较密集，工农业用水较大。20世纪70年代初玛纳斯河流域大规模开采地下水，之后由于耕地面积的增加地下水开采量持续走高。2000年以来，随着节水灌溉技术的推广，耕地面积不断扩张，地下水开采量逐渐增加。近15年流域下游古尔班通古特沙漠边缘地下水位以0.2m/a速度下降，地下水潜水埋深已降至15.66m，对地面植被生态造成严重破坏，加剧了沙漠化的进程，同时严重威胁绿洲农业的可持续发展。

（4）土壤面源污染严重。玛纳斯河流域农业施肥主要以无机氮和磷为主，造成湖泊水质富营养化，造成农业面源污染。膜下滴灌技术的推广，塑料薄膜覆盖地面，具有提高地温，保持土壤水分，调节土壤养分的转化，促进微生物活动，提高温、光利用率等功能，可以使作物产量显著增加，同时难降解的薄膜成为重要的面污染源，流域残膜污染高达60kg/亩，污染灌区耕地，影响农作物的生长，对生态环境、景观气候、农业增产带来了不良的影响[182]。在1999年之前由于大面积的漫灌造成流域盐渍化严重，在1999年之后随着节水灌溉技术的推广应用，耕地内土壤盐渍化受到明显抑制，通过不断改良治理，在1999年之后耕地内盐渍化程度不断减小，同时管理上的不完善导致土壤次生盐渍化出现。

（5）生态环境局部恶化。1999年开始大面积推广节水灌溉技术，使得水资源用水效率显著提高，耕地面积增长明显，北至古尔班通古特沙漠南缘，南至冲洪积扇边缘，中间形成以农业灌溉为主的平原绿洲区[183]。绿洲区内部分布大小灌区，农业用水比例大，农业灌溉水需求不断增长，生态用水可利用量不断减少，严重挤占了天然绿洲的生态需水量，天然河道被废弃和填埋，山区水库和平原水库对水资源的储存和调度使得下游河道断流，地下水和下游生态输水量不断减少，造成天然绿洲萎缩，荒漠化进程加剧[184]。

2.3 节水条件下玛纳斯河流域绿洲稳定性评价

玛纳斯河流域节水措施的大面积应用有效提高了水资源利用效率，达到了农田作物节水增产的效果。伴随着节水技术措施的不断推广应用，流域绿洲稳定性状况有待进一步分析评价。基于此，本节建立节水条件下玛纳斯河流域绿洲稳定性评价指标体系、确定了绿洲稳定性评价的标准及权重，采用模糊数学综合评判方法对节水措施下玛纳斯河流域绿洲稳定性进行了分析，从流域生态学的角度分析与评价节水措施影响下流域绿洲稳定性状况。

2.3.1 绿洲稳定性评价模型

基于玛纳斯河绿洲稳定性的影响过程，构建了流域绿洲稳定性"压力-状态-响应"模型（PSR 模型），根据稳定性评价指标体系构建原则，结合玛纳斯河流域自然生态环境和节水措施运用下流域绿洲稳定性分析结果，建立如图 2.11 所示的"压力-状态-响应"（PSR）关系。

2.3.2 绿洲稳定性指标体系和标准

绿洲稳定性评价指标包括压力指标层、状态指标层和响应指标层，指标体系的构建遵循全面性、主导性、层次性、人为可调控、指示性五项原则[8]。

节水措施下玛纳斯河流域绿洲稳定性评价指标如下：

（1）压力指标层包含渠道防渗率、地下水开采潜力系数、节水

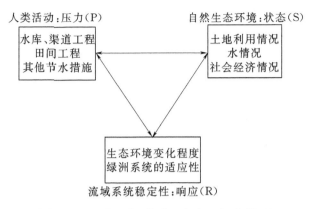

图 2.11　"压力-状态-响应"概念模型

灌溉耕地面积比和农田灌溉亩均用水量指标。压力指标层表示节水灌溉水平发展程度，同时代表节水措施对流域绿洲稳定性的压力影响，指标选取依据如下：渠道防渗程度越高，渠道渗透水量越少，地下水补给减少，生态植被生长压力增大，流域绿洲稳定性有降低。地下水开采潜力系数总体反映流域地下水超采的程度。节水灌溉面积比是流域节水灌溉面积与耕地面积之比，流域实施节水灌溉技术，节约出部分水资源用于其他产业的发展，同时流域节约出来的水量也用于流域耕地面积的扩大，该指标可以综合体现节水措施与耕地面积的发展关系。农田灌溉亩均用水量是农作物对水的依赖作用及农业水平的综合反映，流域农业灌溉用水比例偏大，选取农业灌溉亩均用水量反映流域节水灌溉技术水平。

（2）状态指标层包含水资源开发利用率、人均水资源量和人均GDP 指标。根据"压力-状态-响应"概念框架模型，状态指标应与节水措施相适应，同时也是绿洲稳定性的响应结果。状态指标选择依据是：节水措施的最直接因素是水资源不足，是绿洲稳定性的直接因素，流域水资源开发利用率在50%～60%作为干旱区水资源利用率的合理范围。人均水资源量直接反映流域水资源丰缺程度。为反映节水措施对社会经济发展适应性的影响，通过人均国内生产总值（GDP）比较全面地反映宏观经济的总体发展水平。

（3）响应指标层包含植被覆盖指数、生态环境用水率、土地盐渍化变化率和绿洲稳定性指数指标。响应指标层表示节水措施实施以后流域绿洲稳定性状况，也可预测流域绿洲稳定性的未来发展趋势。指标选择依据如下：植被覆盖指数用于反映被流域植被覆盖的程度。生态环境用水率指生态环境用水量与水资源总量的比值，代表流域生态需水量。土地盐渍化变化率指土壤中水盐平衡状态。绿洲稳定性指数是指流域水资源分配给植被的水量与实际需水量的比值，代表流域水资源利用的合理性以及绿洲稳定性。

评价指标的选取遵循以下原则：

（1）整体性原则，评价指标为一个完整的体系，服务于整个系统，应该针对各个方面综合考虑，同时也要避免体系过度庞大和复杂。

（2）科学性原则，评价指标体系要建立在科学分析的基础上，能真实反应系统的安全状况和本质特征，从而使评价结果具有真实性和客观性。

（3）动态性原则，系统的发展是变化的，构建的评价指标体系需要反映出系统不同时期的发展特点，同时也能指示未来的发展情况。

（4）简明性和现实性原则，所选指标应该概念明确且容易获取，同时也要实用和易于理解。

综上，选取出以下 11 个指标（表 2.8）。根据玛纳斯河流域实际情况，结合国际标准和国家标准、综合分析相关研究成果及历史资料确定出评价标准。

2.3.3　模糊综合评判方法

（1）权重计算方法。依据国家环保局编制的"生境重要性评价

表 2.8 节水措施下玛纳斯河流域绿洲稳定性评价指标、
评价标准一览表

评价指标	权重	指标体系	单位	权重	评价标准				
					Ⅰ	Ⅱ	Ⅲ	Ⅳ	Ⅴ
压力 A2	0.16	渠道防渗率	%	0.0088	>40	40～30	30～20	20.～10.	<10
		地下水开采潜力系数		0.0189	>1.13	1.13～1.05	1.05～0.97	0.97～0.89	<0.89
		节水灌溉面积比	%	0.0421	>40	40～30	30～20	20.～10.	<10
		灌溉亩均用水量	m³/亩	0.0902	<380	380～430	430～480	480～530	>530
状态 A1	0.54	水资源利用率	%	0.3456	<50	50～65	65～80	80～95	>95
		人均水资源量	万 m³/人	0.1404	>3000	3000～2000	2000～1000	1000～500	<500
		人均GDP	万元/人	0.054	>25000	25000～15000	15000～10000	10000～5000	<5000
响应 A3	0.3	植被覆盖指数		0.0666	>65	65～45	45～30	30～15	<15
		生态环境用水率	%	0.0666	>40	40～30	30～20	20.～10.	<10
		土地盐碱变化率	%	0.0333	<10	10.～15.	15～20	20～30	>30
		绿洲稳定性指数	%	0.1335	>1.0	1.0～0.8	0.8～0.75	0.75～0.50	<0.5

方法"，综合判断评价指标生态功能的重要性，采用层次分析法确定各评价指标权重。层次分析法通过把系统的复杂问题划分为相互联系的有序层次，根据主观判断结构把专家意见和分析者的客观判断结果有效结合，而后采用数学分析方法计算各层次影响因素重要性次序的相对权值，通过所有层次之间的排序计算所有元素的相对权重。

（2）模糊综合评判法。模糊综合评判方法的原理是建立稳定性评价隶属函数，即用隶属函数来确定单个评价指标对流域绿洲稳定评价等级的隶属程度。根据绿洲稳定性评价指标的正、负作用，以降半梯形函数作为绿洲稳定性负作用指标隶属函数，升半梯形函数作为绿洲稳定性正作用指标隶属函数[185]。

绿洲稳定性正作用指标隶属函数公式：

$$\mu_1 = \begin{cases} 1, & x > c_1 \\ \dfrac{c_1 - x}{c_1 - c_2}, & c_2 < x < c_1 \\ 0, & x < c_2 \end{cases}$$

$$\mu_j = \begin{cases} 0, & x \leqslant c_{j-1} \\ \dfrac{c_{j-1} - x}{c_{j-1} - c_j}, & c_j < x < c_{j-1} \end{cases} \quad (j = 2, 3, 4) \quad (2.1)$$

$$\mu_5 = \begin{cases} 0, & x > c_4 \\ \dfrac{c_4 - x}{c_4 - c_5}, & c_5 < x < c_4 \\ 0, & x < c_5 \end{cases} \quad (c_1, \cdots, c_5 \text{ 为评价标准阈值最低值})$$

绿洲稳定性负作用指标隶属函数公式：

$$\mu_1 = \begin{cases} 1, & x \leqslant c_1 \\ \dfrac{x - c_1}{c_2 - c_1}, & c_1 < x < c_2 \\ 0, & x \geqslant c_2 \end{cases}$$

$$\mu_j = \begin{cases} 0, & x \geqslant c_{j+1} \\ \dfrac{x - c_{j-1}}{c_j - c_{j-1}}, & c_{j-1} < x < c_j \end{cases} \quad (j = 2, 3, 4) \quad (2.2)$$

$$\mu_5 = \begin{cases} 0, & x < c_4 \\ \dfrac{x - c_4}{c_5 - c_4}, & c_4 < x < c_5 \\ 1, & x > c_5 \end{cases} \quad (c_1, \cdots, c_5 \text{ 为评价标准阈值最低值})$$

2.3.4　绿洲稳定性综合评价

选取 2000 年、2005 年、2010 年作为不同节水技术推广应用程度代表年，对玛纳斯河流域绿洲稳定性进行综合评价。

（1）单因子评价。从状态层评价指标可以看出，随着节水技术的发展，流域水资源开发利用率和人均国民生产总值的不断增高，国民经济发展迅速，说明了流域国民经济发展与水资源开发利用与灌溉水平密切相关。从压力层评价指标可以看出，流域节水措施的应用程度不断提高，仍存在还有一定的发展空间。从响应层评价指标可以看出，随着节水技术的不断应用，土壤盐渍化面积变化率不断减小，地下水开采潜力系数不断降低，植被覆盖指数有减小的趋势。单因子评价结果如图 2.12 所示。

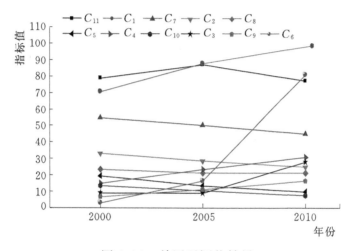

图 2.12　单因子评价结果

图 2.12 中，C_1 表示水资源开发利用率，C_2 表示人均水资源量，C_3 表示人均 GDP$\times$10，C_4 表示渠道防渗率，C_5 表示地下水开采潜力系数$\times$10，C_6 表示节水灌溉耕地面积比，C_7 表示农田灌溉亩均用水量$\times$0.1，C_8 表示植被覆盖指数，C_9 表示生态环境用水率$\times$10，C_{10} 表示土地盐渍化变化率，C_{11} 表示绿洲稳定系数$\times$100。

（2）综合评价。根据评价体系判断在节水程度不断增强的同时，玛纳斯河流域状态指标呈现逐步下降的趋势，响应指标先上升后下降，压力指标呈上升趋势，综合评价结果呈下降趋势。

玛纳斯河流域绿洲稳定性评价结果表明，2000 年和 2005 年流域绿洲稳定性评价结果处于"Ⅳ级",为较差级别;2010 年评价结果处于"Ⅴ级",为非常差级别,综合评价结果呈现下降趋势,说明在节水技术推广下流域绿洲稳定性逐渐降低,在此期间节水技术不断大力发展,大力推进了农业的发展,从而对流域绿洲稳定性产生影响[185]。综合评价结果如图 2.13 所示。

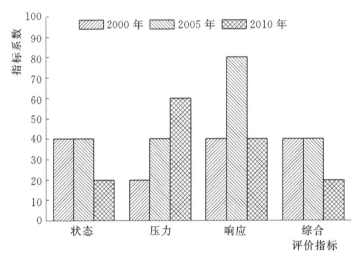

图 2.13　综合评价结果

2.4　本章小结

本章主要分析了玛纳斯河流域水土资源开发利用现状和农业灌溉发展过程,通过统计资料分析了节水条件对流域水土资源开发利用的影响,提出了节水条件下流域水土资源开发利用过程中存在的问题。主要结论如下:

(1) 玛纳斯河灌区包含石河子灌区、下野地灌区和莫索湾灌区。玛纳斯河流域作为绿洲农业主产区,农业用水是流域用水结构中的大户,并且用水效率较低,农业用水比例过高对流域水资源可持续利用压力较大。考虑用水量与用水效率的发展变化,自 20 世纪 90 年代开始,灌区水资源逐步由无序开发向计划开发转变。2000

年以后，流域膜下滴灌技术的大面积推广，使得流域用水实现了由低效利用向高效开发利用的过渡。

（2）近年来玛纳斯河流域随着节水技术的发展，流域用水结构不断优化，农业用水比例不断减少，流域在提高农业水资源利用效率的同时，进一步实施产业结构调整，节省的水资源不断向其他部门转移，但是农业用水在用水总量中的比例仍高达94%以上，所以农业节水是流域控水的关键环节。在流域来水条件有限，水资源需求不减反增的前提下，用水总量减少的部分主要得益于用水效率的提高以及产业结构的调整，而用水量增加部分主要源于政策背景下流域绿洲经济的快速增长。

（3）在节水技术的推动作用下，流域灌溉面积迅速增加，促进了区域经济的有效发展。随着节水技术在流域大面积推广，近15年耕地面积增长150万亩，年均增长速率较节水前增加1.5倍；农业年均GDP由1.83亿元增长至9.0亿元；国民生产总值由1999年的21.8亿元增加至2015年的315.8亿元，节水后近15年国内生产总值增加近15倍，绿洲规模和经济发展速度加快。

（4）目前流域以滴灌为主的节水灌溉技术得到推广，灌溉保证率在95%以上。由于灌溉面积增加迅速，水资源开发利用率持续较高，地表水资源引用率高达95.6%，地下水开采率接近70%，出现了地下水位下降、植被局部退化等生态问题。绿洲的可持续发展应进一步注重建设节水型社会理念，优化绿洲结构功能[182]，同时加强生态环境建设，保证生态用水量。

（5）通过构建"压力-状态-响应"模型开展了玛纳斯河流域绿洲稳定性综合评价。2000年和2005年的评价结果处于"Ⅳ级"，为较差级别；2010年评价结果处于"Ⅴ级"，为非常差级别，绿洲稳定性综合评价结果呈现下降趋势，说明在节水技术推广下流域绿洲稳定性逐渐降低。

第3章　节水条件下玛纳斯河流域
下垫面变化分析

下垫面的变化会直接影响流域水循环过程。一方面下垫面通过直接影响流域的入渗及蒸散发条件来影响水循环过程，另一方面通过影响气候间接影响径流形成。由于社会发展需求人类对下垫面的改造越来越大，不同人类活动影响下流域下垫面状况有很大不同。在节水技术这一流域强烈人类活动影响下，玛纳斯河流域下垫面发生了改变，从而影响了流域水循环过程。因此，本章主要通过分析流域土地利用演变过程来阐明节水条件对流域水循环过程中下垫面因素的影响。

3.1　研究方法

3.1.1　数据来源

节水条件下玛纳斯河流域下垫面变化研究采用的遥感数据来源于 MSS 影像（1976 年）和美国陆地卫星 TM/ETM 影像（1990 年、2000 年、2010 年和 2015 年），为充分考虑下垫面变化特征，遥感影像均选择每年 8—9 月间质量较好数据，以 2000 年为分界点，分析节水技术大面积实施前后流域土地利用的变化情况。

3.1.2　数据处理

数据处理步骤包括对遥感影像标准化预处理、减少非目标信息影响误差、降低遥感影像间或遥感影像内部的由于几何位置所造成的差异，对所有的影像进行辐射定标，将所获取的 DN 值转化为天顶反射率等[186]。本章分别移植并改进 LEDAPS 系统中的几何纠正算法及 AROP 软件包中的正射投影算法，满足遥感数据的几何纠正和正射投影预处理需要。根据云像元温度低、反射率高的特征，对其设置不同的阈值，建立波段温度和反射率的二维空间从中区分云像元。根据地表阴影温度和云顶温度的差值确定云层的高度、影像成像时间的太阳高度角确定云阴影的位置，进而提取云阴影的像元[187]。采用 ENVI 软件中的自带大气校正模块（FLASH）对遥感影像进行大气校正，去除云（阴影）像元之后，将覆盖流域的遥感影像进行合成处理，完成拼接按照研究区矢量边界对影像进行裁剪，同时对生成的遥感影像标准化数据，完成质量检验，以确定解译出来的遥感影像不存在辐射标定或几何纠正等方面的错误[188-191]。

3.1.3 土地利用类型提取

土地利用类型信息提取采用德国遥感分类软件 eCognition8.7，以面向对象的遥感地物信息提取方法。经多尺度分割及地物提取两个主要步骤，通过构建研究区 TM 影像多尺度分割及分类规则体系，提取玛纳斯河流域的相关地物信息，并用混淆矩阵法进行精度评价[3,166,192]。土地利用/覆被类型的划分是土地利用演变规律研究的基础，本章依据我国土地资源分类系统的二级分类系统标准，并结合玛纳斯河流域实际情况，整体上对土地利用/土地覆被的类型主要划分为：林地、草地、水域、耕地、建筑用地和未利用地 6 大类为一级指标，并分别用 1、2、3、4、5、6 标注属性值，6 个大类划分出 28 个小类为二级指标，对应的代码及指标见《玛纳斯河流域土地利用/土地覆被类型分类系统》。玛纳斯河流域土地利用/土地覆被类型分类系统见表 3.1。

表 3.1　玛纳斯河流域土地利用/土地覆被类型分类系统

序号	Ⅰ级分类	代码	Ⅱ级分类	指　标
1	林地	11	落叶阔叶林	自然或半自然植被，$H=3\sim30$m，$C>15\%$，落叶，阔叶
		12	常绿针叶林	自然或半自然植被，$H=3\sim30$m，$C>15\%$，不落叶，针叶
		13	落叶阔叶灌木林	自然或半自然植被，$H=0.3\sim5$m，$C>15\%$，落叶，阔叶
		14	稀疏灌木林	自然或半自然植被，$H=0.3\sim5$m，$C=4\%\sim15\%$
		15	乔木园地	人工植被，$H=3\sim30$m，$C>15\%$
		16	灌木园地	人工植被，$H=0.3\sim5$m，$C>15\%$
		17	乔木绿地	人工植被，人工表面周围，$H=3\sim30$m，$C>15\%$
		18	灌木绿地	人工植被，人工表面周围，$H=0.3\sim5$m，$C>15\%$
2	草地	21	草甸	自然或半自然植被，$K>1.5$，土壤水饱和，$H=0.03\sim3$m，$C>15\%$
		22	草原	自然或半自然植被，$K=0.9\sim1.5$，$H=0.03\sim3$m，$C>15\%$
		23	稀疏草地	自然或半自然植被，$H=0.03\sim3$m，$C=4\%\sim15\%$
		24	草本绿地	人工植被，人工表面周围，$H=0.03\sim3$m，$C>15\%$
3	水域	31	湖泊	自然水面，静止
		32	水库/坑塘	人工水面，静止
		33	河流	自然水面，流动
		34	运河/水渠	人工水面，流动
		35	草本湿地	自然或半自然植被，$T>2$ 或湿土，$H=0.03\sim3$m，$C>15\%$
4	耕地	41	水田	人工植被，土地扰动，旱生作物，收割过程
		42	旱地	人工植被，土地扰动，水生作物，收割过程

序号	Ⅰ级分类	代码	Ⅱ级分类	指　　标
5	建工用地	51	居住地	人工硬表面，居住建筑
		52	工业用地	人工硬表面，生产建筑
		53	交通用地	人工硬表面，线状特征
		54	采矿场	人工挖掘表面
6	未利用地	61	裸岩	自然，坚硬表面
		62	裸土	自然，松散表面，壤质
		63	沙漠/沙地	自然，松散表面，沙质
		64	盐碱地	自然，松散表面，高盐分
		65	冰川/永久积雪	自然，水的固态

注：C 为覆盖度/郁闭度（%）；H 为植被高度（m）；T 为水一年覆盖时间（月）；K 为湿润指数。

五个时期的遥感影像在 ENVI4.8、eCognition8.6 和 ARC-GIS10.1 软件的支持下，按照上述的分类系统对遥感影像进行目视解译并且数字化、建立拓扑关系，并通过野外考察数据对解译结果进行校正，获得土地利用/土地覆被图形数据和属性数据，统计出不同时期的各类土地面积和转移矩阵等指标[166,189]。

3.1.4　土地利用变化分析

玛纳斯河流域节水前后土地利用变化过程，主要通过计算单一土地利用类型动态度、综合土地利用动态度和土地利用程度综合指数表征流域土地利用变化过程[193-195]。

（1）单一土地利用类型动态度，是研究区一定时间内区域某类土地利用类型的数量变化情况，若为正值表示某土地类型数量增加，负值表示该土地类型数量减小。

$$K = (U_b - U_a)/U_a \times \frac{1}{T} \times 100\% \qquad (3.1)$$

式中：K 为研究时段内某一土地利用类型动态度；U_a、U_b 分别为研究期初及研究期末某一种土地利用类型的数量；T 为研究时段长，当 T 的时段定为年时，K 为区域某种土地利用类型年变化率[166,190]。

（2）综合土地利用动态度，是表征区域某时间段内综合土地利用类型数量增加或减少变化程度指标，其数学模型为

$$S = \sum_{i=1}^{n} \{LA_{(i,t_1)} - ULA_i\} / \sum_{i=1}^{n} LA_{(i,t_1)} / (t_2 - t_1) \times 100\% \quad (3.2)$$

式中：i 为土地利用类型；$LA_{(i,t_1)}$ 为 i 类土地变化期初的面积；n 为总地类数；ULA_i 为第 i 类土地转化为非 i 类土地利用类型的面积[166]。

（3）土地利用程度综合指数，一方面可反映一定时间段内土地利用程度和人类影响的程度，另一方面通过研究时段内指数变化表征区域土地利用程度的变化，其数学模型为

$$L = 100 \times \sum_{i=1}^{n} A_i \times C_i, L \in [100, 400] \quad (3.3)$$

$$A_{未利用地} = 1, A_{林地、草地、水域} = 2, A_{耕地} = 3, A_{建工用地} = 4$$

式中：L 为区域土地利用程度综合指数；A_i 为土地利用第 i 级的分级指数；C_i 为土地利用第 i 级的面积百分比；n 为土地利用程度分级数。

3.2　节水条件下玛纳斯河流域下垫面变化特征

3.2.1　总体情况

玛纳斯河流域总面积为 34050.347km²。土地利用类型面积超过 1000km² 以上的包括：旱地、稀疏灌木林、草原、草甸、稀疏草地、裸土、裸岩和冰川/永久积雪等 8 类。由图 3.1 和表 3.2 可知，近 50 年旱地、居住地和草甸等均有明显递增趋势，草原、稀疏草

地、稀疏灌木林和冰川/永久积雪等均有递减趋势，其他各类用地面积变化相对较小。

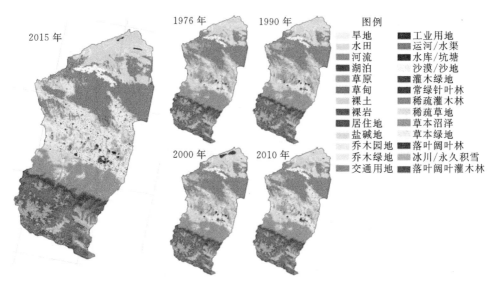

图 3.1 玛纳斯河流域土地利用分类图 (1976—2015 年)

表 3.2　　近 50 年玛纳斯河流域土地利用类型面积统计表　单位：km²

土地类型	节 水 前		节 水 后		
	1976 年	1990 年	2000 年	2005 年	2015 年
冰川/永久积雪	1555.997	1459.620	1215.666	1215.222	1215.189
草本绿地	9.140	9.371	9.881	9.559	10.007
草本沼泽	113.919	126.324	126.013	118.707	116.445
草甸	4537.287	4605.098	4728.401	4646.315	4658.049
草原	5454.548	5654.513	5522.697	5205.499	4577.334
常绿针叶林	552.675	529.816	552.582	552.582	552.602
工业用地	15.393	15.840	15.411	27.130	29.995
灌木绿地	0.041	0.061	0.041	0.502	0.502
旱地	3218.790	4579.200	5348.604	6170.415	7424.904
河流	131.829	131.483	131.556	137.890	133.022
湖泊	5.387	0.349	222.783	6.067	7.960

续表

土地类型	节 水 前		节 水 后		
	1976 年	1990 年	2000 年	2005 年	2015 年
交通用地	36.695	20.520	52.893	58.310	59.693
居住地	197.291	262.178	383.473	431.861	454.797
裸土	1921.088	2140.164	2140.136	2074.118	2052.152
裸岩	1171.243	1119.136	1171.872	1172.829	1164.078
落叶阔叶灌木林	45.451	45.799	45.268	29.423	21.535
落叶阔叶林	105.656	107.651	105.587	96.110	87.368
乔木绿地	2.218	2.567	2.510	2.856	2.859
乔木园地	10.668	10.703	10.652	19.515	17.981
沙漠/沙地	492.791	491.969	492.529	492.525	492.501
水库/坑塘	102.956	47.016	109.493	79.218	109.575
水田	12.068	17.129	16.830	17.011	12.612
稀疏草地	5462.430	4082.450	3290.354	3076.831	2818.772
稀疏灌木林	7655.594	7695.425	7627.943	7487.115	7117.141
盐碱地	1171.778	958.788	723.545	919.109	909.732
运河/水渠	3.599	4.241	3.627	3.627	3.541
总计	34050.347	34050.347	34050.347	34050.347	34050.347

3.2.2 耕地面积变化

1976—2015 年间流域耕地面积呈明显递增趋势。节水技术实施前，耕地面积由 1976 年的 3230.86km² 增至 2000 年的 5365.43km²，增长率为 66%，年均增长 85.4km²；节水技术实施后，耕地面积由 2000 年的 5365.43km² 增至 2015 年的 7437.52km²，增长率为 38%，年均增长 138.1km²。

节水技术实施前后旱地递增面积由 85.2km²/a 增加为 138.4km²/a，水田面积变化不大；流域耕地面积快速扩张主要是由不同阶段的灌溉水平和城市化水平造成的。1976 年以前主要是河道引水和地表水开发的低效灌溉阶段，1976—1999 年间采用地表与地下水联合利用，进入水库、渠道和水井联合灌溉阶段，1999 年以来采用膜下滴灌技术后流域农田灌溉进入高效节水灌溉阶段，耕地面积快速扩张。玛纳斯河流域耕地面积变化如图 3.2 所示。

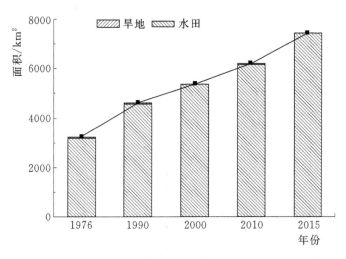

图 3.2 玛纳斯河流域耕地面积变化（1976—2015 年）

3.2.3 建工用地面积变化

1976—2015 年间研究区内建筑用地面积持续扩大，由 1976 年的 249.38km^2 扩张至 2015 年的 544.49km^2，增加率为 118%；其中居住用地占建筑用地面积比重最大，研究期内居住用地面积增加约 234.6km^2，增加率达到 123.5%。

节水技术实施前后建筑用地面积年均增长面积分别为 8.1km^2/a 和 6.2km^2/a；居住用地面积年均增长面积分别为 7.4km^2/a 和 4.8km^2/a；研究期内建筑用地中交通用地和工业用地虽然所占面积较小，但均呈现递增态势，这与流域近年来工业发展和基础设施建设高速发展有很大关系。虽然节水技术实施前后建筑用地面积在持续扩大，但是年均增长速度有减缓的趋势。玛纳斯河流域建筑用地面积变化如图 3.3 所示。

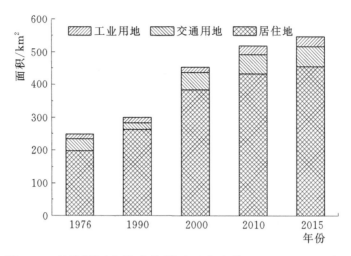

图 3.3　玛纳斯河流域建筑用地面积变化（1976—2015 年）

3.2.4　草地面积变化

1976—2015 年间流域草地面积明显减少，由 1976 年的 15463.4km² 缩小至 2015 年的 12064.16km²，减少率达到 22%；其中草原面积比重最大，草本绿地面积最小。研究期内草甸面积变化不大。

节水技术实施前研究区草地面积由 1976 年的 15463.4km² 缩小至 2000 年的 13551.3km²，减少率为 12%；节水技术实施后研究区草地面积由 2000 年的 13551.3km² 缩小至 2015 年的 12064.16km²，减少率为 11%。流域草地面积主要集中在上游山区，节水技术应用主要影响流域中下游的绿洲与荒漠区。由于人类作用和自然环境变化，流域上游草原和稀疏草地面积减少较明显，主要表现为部分草场退化和被开垦为耕地及其他用地。由于节水技术的大力推广，耕地面积得到大大的增加，对草场面积的影响较大，草场面积减少较为明显。玛纳斯河流域草地面积变化如图 3.4 所示。

3.2.5　林地面积变化

1976—2015 年间研究区内林地面积变化较小，由 1976 年的

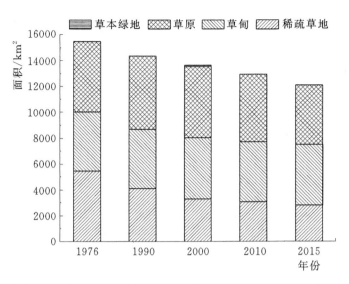

图 3.4　玛纳斯河流域草地面积变化（1976—2015 年）

8372.30km² 缩小至 2015 年的 7799.99km²，减少率为 7%。

节水技术实施前后位于上游山区的常绿针叶林和灌木林面积变化较小，中下游绿洲区的乔木绿地和乔木园地呈小幅递增态势。林地面积变化主要是由位于下游荒漠区的稀疏灌木林面积变小所致，节水技术实施前稀疏灌木林基本维持在 7600km²，节水技术实施后由 2000 年的 7627.94km² 减少至 2015 年的 7117.14km²，年均减少 34.1km²。这是由于节水技术的大力推广使得流域内农业得到了快速的发展，中上游工农业用水增多使得下游地下水位逐渐降低，影响了荒漠区梭梭和柽柳等灌木的生态环境。玛纳斯河流域林地面积变化如图 3.5 所示。

3.2.6　水域面积变化

1976—2015 年间流域水域面积变化呈倒 V 形，由 1976 年的 357.69km² 增加至 2000 年的 593.47km²，而后减少至 2015 年的 370.54km²。玛纳斯河流域内湿地、水库群上接河道、下通灌区，是流域农田供水系统中保证率较高的供水水源。

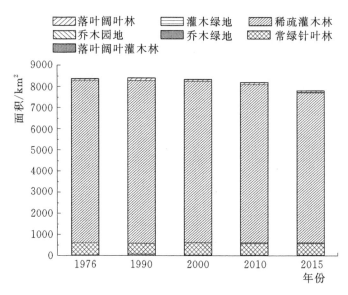

图 3.5 玛纳斯河流域林地面积变化（1976—2015 年）

节水前后草本沼泽、河流面积变化不大，水域面积的变化一方面主要体现在随着人类活动的影响，湖泊、水库面积增加；另一方面渠道面积变化呈现倒 V 形，这与农田灌溉水平密切相关。20 世纪 90 年代人类大量修建渠道引地表水进行农田灌溉，水域面积大幅增加。2000 年以后随着节水技术的推广，灌区田间农渠、斗渠逐渐减少消失，渠道面积又有所回落。玛纳斯河流域水域面积变化如图 3.6 所示。

3.2.7 未利用土地面积变化

1976—2015 年间流域未利用地面积逐渐缩小，由 1976 年的 6312.90km² 减少至 2015 年的 5833.65km²，减少率为 8%，未利用土地以冰川/永久积雪和裸土裸岩为主。

节水前后冰川/永久积雪面积有所减少，裸岩、盐碱地和沙漠面积变化不大。节水技术大面积推广前裸土的面积由 1976 年的 1921.1km² 增加至 2000 年的 2140.1km²，主要是由于人类活动对流

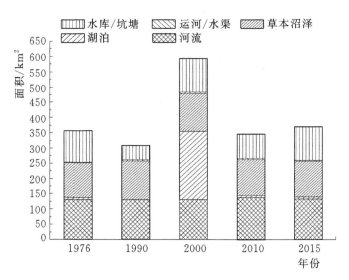

图 3.6 玛纳斯河流域水域面积变化（1976—2015 年）

域水土资源不合理开发造成的。节水技术大面积推广后裸土的面积由 2000 年的 2140.1km² 减少至 2015 年的 2052.2km²，15 年间减少近 100km²，主要是由于节水技术推动绿洲化进程所致。玛纳斯河流域未利用地面积变化如图 3.7 所示。

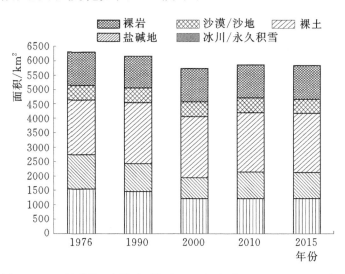

图 3.7 玛纳斯河流域未利用地面积变化（1976—2015 年）

3.3 节水条件下流域土地利用动态度分析

3.3.1 土地利用综合程度分析

土地利用程度综合指数可以表述玛纳斯河流域土地利用开发程度。玛纳斯河流域土地利用程度综合指数基本呈现线性增加趋势，反映了土地利用分级数高的土地利用类型所占面积比例在提高，即流域耕地面积与建工用地面积所占比重在增加，未利用地、林地、草地以及水域所占面积比重在下降。总的来看，土地利用综合程度的分析一方面表明了玛纳斯河流域土地利用程度在不断增加，同时也反映出人类干扰该区域程度的加剧。

总体来看，近 50 年玛纳斯河流域人类活动加剧，随着社会和经济的发展以及人口数量的递增，使得流域内出现了大量开垦耕地和扩大建设用地面积。从 1976 年到 2015 年的 5 个研究期内，绿洲面积分别为 3480.2km²、4894.9km²、5817.2km²、6704.7km² 和 7982.0km²，其面积呈明显递增态势，其中 1976—1990 年面积递增最为明显，增长率为 40.6%，1990—2000 年增长率为 18.8%，2000—2010 年增长率为 15.3%，2010—2015 年增长率为 19.1%，绿洲面积增长率达到 129.4%。玛纳斯河流域绿洲面积不同时期扩张主要是由不同阶段的灌溉水平和城市化水平造成的。

3.3.2 土地利用动态度分析

从各土地利用类型来看，耕地和建工用地一直比较活跃。建工用地在 1990—2000 年间动态度最大，呈现先增大后减小的趋势；耕地在 2000—2015 年间动态度最大，总体呈现增大趋势。

节水技术推广前，1976—1990 年间，流域土地利用综合动态度为−0.03％，耕地在此期间内最为活跃，未利用地和林地动态度稳定；建工用地在1990—2000年间动态度出现极大值。水域整体波动情况较大，在此期间变化剧烈。

节水技术推广后，2000—2010年间，土地类型动态度均表现为水域最活跃，林地最稳定；2010—2015年间，耕地最活跃，林地动态度达到极值，未利用地最稳定。玛纳斯河流域土地利用类型动态度见表3.3。

表3.3 玛纳斯河流域土地利用类型动态度（1976—2015年）　　　　％

土地利用类型	1976—1990年	1990—2000年	2000—2010年	2010—2015年
耕地	3.0	1.7	3.1	4.0
建工用地	1.4	5.1	2.9	1.1
草地	−0.5	−0.6	−0.9	−1.4
林地	0.0	−0.1	−0.4	−0.9
水域	−1.0	9.2	−8.4	1.4
未利用地	−0.2	−0.7	0.5	−0.1
综合动态度	−0.03	0.02	0.00	0.00

3.3.3 土地利用结构变化分析

土地利用结构变化可以用来表明区域土地利用变化规律及趋势，土地利用类型间转化情况主要通过转移矩阵来展现，土地利用面积变化率则反映变化程度。

流域节水技术推广前，从1976年至2000年各土地利用类型转移情况来看，未利用土地主要向草地转移，转移面积达到557.74km²；建工用地向耕地转移面积最大，达到137.53km²；草地向耕地的转移量最大，其转移面积达2542.93km²；林地向草地转移面积达到189.64km²，向耕地转移93.46km²；水域向草地的转移最多，转移面积达到了72.08km²，向其他土地利用类型转移较少；耕地向草地转移幅度最大，转移面积达到了 381.8km² ，向建工用地转移 232.82km² ，向其他类型转移较少。节水技术推广前土地利用类型转移矩阵见表 3.4。

表 3.4　　　　节水技术推广前土地利用类型转移矩阵

（1976—2000 年）　　　　　　单位：km²

土地利用类型	未利用地	建工用地	草地	林地	水域	耕地	合计
未利用地	480.06	1.09	557.74	53.30	235.96	2.06	1330.22
建工用地	0.26	1.07	31.62	1.81	0.49	137.53	172.78
草地	215.75	70.02	367.91	190.47	82.07	2542.93	3469.16
林地	53.35	4.77	189.64	59.39	6.82	93.46	407.44
水域	8.71	0.52	72.08	6.98	22.00	10.40	120.68
耕地	1.14	232.82	381.80	27.75	8.48	3.74	655.73
合计	759.26	310.30	1600.79	339.72	355.82	2790.11	6156.02

流域节水技术推广后，从 2000 年至 2015 年各土地利用类型转移情况来看，未利用土地主要向草地转移，转移面积达到了 108.67km² ；建工用地向耕地转移面积最大，达到 37.36km² ；草地向耕地的转移量最大，其转移面积达 1756.24km² ；林地向耕地转移面积达到 567.41km² ；水域向未利用土地转移最多，转移面积达到了 226.22km² ，向其他土地利用类型转移较少；耕地向草地转移幅度较大，转移面积达到了 215.28km² ，向建工用地转移 79.36km² ，向其他类型转移较少。节水技术推广后土地利用类型转移矩阵见表 3.5。

从节水技术推广前后土地类型转移矩阵对比来看，节水技术推广前后，建工用地和草地土地转移情况一致，主要向耕地面积转移；而未利用土地节水技术推广前后由向水域面积转移转变为向草地面积转移，林地由向草地转移转变为向耕地转移，水域由向草地转移转变为向未利用土地转移。节水技术推广前后其他类型土地向耕地转移面积分别为 111km²/a 和 160km²/a。

表 3.5 节水技术推广后土地利用类型转移矩阵

(2000—2015 年) 单位：km²

土地利用类型	未利用地	建工用地	草地	林地	水域	耕地	合计
未利用地	7.45	0.28	108.67	10.40	34.85	6.55	168.19
建工用地	0.01	1.47	1.72	0.10	0.15	37.36	40.81
草地	11.58	46.83	95.50	12.11	51.15	1756.24	1973.41
林地	12.34	4.24	0.61	8.12	5.23	567.41	597.95
水域	226.44	1.34	64.46	3.12	39.33	27.93	362.63
耕地	0.27	79.36	215.28	19.51	8.99	6.76	330.16
合计	258.09	133.52	486.24	53.35	139.70	2402.24	3473.15

3.4 节水条件下流域下垫面变化影响因素分析

3.4.1 景观格局指数分析

由于土地利用/覆被变化过程受到自然因素、社会经济等诸多要素的影响，因此需要将驱动力和景观格局变化整体来考虑，综合分析其结构与功能的关系。结合下垫面变化矢量数据，采用 Fragstats3.4 软件进行流域景观格局指数分析，计算玛纳斯河流域各景观类型的斑块形状和面积变化、破碎化、多样性和聚集等指标，分析玛纳斯河流域近 50 年景观格局类型的时空变化特征，采用 4 个景观指数包括：香农多样性指数（SHDI）、蔓延度指数（CONTAG）、平均邻近的指数（ENN_MN）、聚集度指数（AI）。本节采用因子分析法定量分析景观格局变化的驱动因子。景观尺度指数的变化见表 3.6。

1976—1990 年，平均欧式邻近距离（ENN_MN）、蔓延度指数（CONTAG）、香农多样性指数（SHDI）和聚集度指数（AI）均增加，同类斑块邻近度低，空间分布较离散，说明玛纳斯河流域景观破碎度和异质性增强。

表 3.6　　　　景观尺度指数的变化（1976—2015 年）

年份	蔓延度指数	平均欧式邻近距离	聚集度指数	香农多样性指数
1976	45.28	1489.23	81.37	1.33
1990	45.53	1557.33	83.93	1.37
2000	42.54	1505.09	82.74	1.43
2005	42.57	1520.02	82.92	1.43
2010	42.68	1534.44	84.18	1.46
2015	42.92	1556.31	86.13	1.51

1990—2000 年，香农多样性指数（SHDI）增加，平均欧式邻近距离（ENN_MN）、聚集度指数（AI）和蔓延度指数（CONTAG）减少，说明流域景观破碎度和异质性进一步增强。

2000—2010 年，平均欧式邻近距离（ENN_MN）、蔓延度指数（CONTAG）和聚集度指数（AI）有较小程度增加，香农多样性指数（SHDI）不变，其余指数减小，说明景观破碎度和异质性变化不大。

2010—2015，各景观格局指数均增加，反映景观破碎度及景观异质性进一步增强。

3.4.2　下垫面变化影响因素分析

玛纳斯河流域绿洲面积不同时期扩张主要是由不同阶段的灌溉水平和城市化水平造成的。本研究选取 8 个指标：径流量（X_1）；GDP（X_2）；降水量（X_3）；城镇化水平（X_4）；人口（X_5）；农业用水比例（X_6）；第二产业比例（X_7）；地下水埋深（X_8），利用 SPSS 软件进行因子分析，得到三个主成分因子。旋转成分矩阵见表 3.7。

由表 3.7 可知 X_4 和 X_5 在第一主成分上有较高载荷，主要反映了流域城市化发展水平；X_2 和 X_7 在第二主成分上有较高载荷，主要反映了流域经济发展水平；X_1 和 X_3 在第三主成分因子上有较高载荷，主要反映了流域干湿度状况。

表 3.7　　　　　　　旋 转 成 分 矩 阵

变量	主成分		
	第一主成分	第二主成分	第三主成分
X_1	−0.011	0.002	0.917
X_2	−0.593	0.721	−0.146
X_3	0.463	0.003	0.662
X_4	0.929	0.137	0.129
X_5	0.834	0.233	0.078
X_6	−0.937	0.079	−0.070
X_7	0.327	0.904	0.076
X_8	−0.692	0.107	−0.274

3.5　本章小结

本章主要研究了节水措施前后玛纳斯河流域耕地、建工用地、草地和林地等下垫面变化过程；通过土地类型转移矩阵分析得出各下垫面土地类型转移情况，确定了节水条件下流域下垫面变化驱动因素。主要结论如下：

（1）近 50 年玛纳斯河流域人类活动加剧，随着社会和经济的发展以及人口数量的递增，流域出现大量耕地和建设用地面积，人工绿洲面积由 3480.2km² 增至 7982.0km²，增加了 1.3 倍。2000 年左右流域开始大面积推广膜下滴灌技术，由于片面追求经济效益促使得流域大面积垦荒，推动了流域绿洲化进程，同时城市化进程发展迅速，流域人工绿洲面积扩张。

（2）1976—2015 年间玛纳斯河流域耕地面积和建工用地面积呈明显递增趋势。节水滴灌技术实施前后耕地面积年均增长速率分别为 85.4km²/a 和 138.1km²/a，建工用地面积年均增长 8.1km²/a 和

$6.2km^2/a$。节水技术推广后，流域下游荒漠区地下水位下降，稀疏灌木林面积年均减少 $34.1km^2$。节水技术推广前后流域草地面积分别减少 12% 和 11%。

（3）从节水技术推广前后土地类型转移矩阵对比分析得出，流域节水技术推广前，建工用地向耕地转移面积 $137.53km^2$；草地向耕地的转移面积达 $2542.93km^2$；林地向草地转移面积达到 $189.64km^2$，向耕地转移 $93.46km^2$。流域节水技术推广后，建工用地向耕地转移面积 $37.36km^2$；草地向耕地转移面积 $1756.24km^2$；林地向耕地转移面积达到 $567.41km^2$。节水技术推广前后，建工用地和草地土地主要向耕地面积转移；而未利用土地节水技术推广前后由向水域面积转移转变为向草地面积转移，林地由向草地转移转变为向耕地转移。

（4）从土地利用综合度来看，节水技术推广前流域土地利用综合动态度较大，耕地在此期间内最为活跃，水域整体波动情况较大，未利用地和林地动态度稳定。节水技术推广后，土地类型动态度均表现为耕地和水域最活跃，林地最稳定。总体来看，耕地和建工用地土地利用动态度比较活跃。节水技术推广后，流域景观破碎度及景观异质性进一步加大，通过主成分分析得出，流域下垫面变化的主要因素依次为城市化发展水平、经济发展水平和流域干湿度状况。

第4章 节水条件下玛纳斯河流域水循环要素规律分析

膜下滴灌技术的大面积推广影响了玛纳斯河流域水循环过程，覆膜技术改变了流域农田蒸散发过程，滴灌技术改变了原有农田水分分布，膜下滴灌技术的大面积推广改变了水分的原来径流路线，引起水分分布和水分运动状况的改变。因此，本章采用统计分析方法分析流域径流和降水演变规律，通过室外试验及遥感解译的方法分析节水条件对土壤入渗及蒸散发过程的影响，确定节水条件对流域水循环要素的影响规律，为节水条件下流域水循环模拟提供依据与基础。

4.1 径流

径流是玛纳斯河流域绿洲生存的命脉，流域河流属于冰川融雪及降水混合补给型河流，径流丰枯与上游山区积雪区气候变化密切相关，上游山区形成的径流是供给中下游地区的水源，维持着流域经济社会系统和生态系统的发展。

4.1.1 年内分配

玛纳斯河流域径流年内变化趋势显著，全年分为两个时段：1—7月河道径流量在融雪和降雨作用下逐渐增加，8—12月进入冬季径流逐渐减少。其中径流量最低 4 个月是 1—4 月，径流量最多 4 个月是 5—9 月。夏季 6—8 月由于降水量多、气温高，冰川融水较多，导致径流量增大，占全年径流量的 66.9%～70.3%，其中 5 月，降水量最多，占到全年降水量的 12.85%，但是径流量小，主要是气温不高，冰川融水少的原因造成的；在季节分配上，夏季径流量最丰，其次是秋季，冬季径流最小。气温对玛纳斯河径流年内补给作用最大[196-197]。玛纳斯河径流、降水量年内分配曲线如图 4.1 所示。

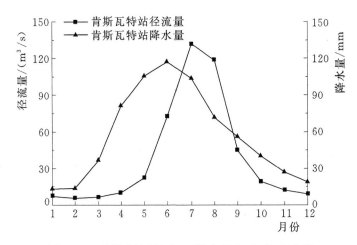

图 4.1　玛纳斯河径流、降水量年内分配曲线

从表 4.1 可以看出，玛纳斯河径流不均匀系数 C_v 为 1.13，完全调节系数 C_r 为 0.47，径流年内分配极不均匀，完全调节系数和不均匀系数多年平均变化趋势相一致。从年际分配上来看 1966—1975 年不均匀系数 C_v 为 1.15、1996—2005 年不均匀系数均为 1.19，均大于多年平均值，说明这段时期径流的年内分配较 1955—1965 年、1976—1985 年、1986—1995 年不均匀，年内径流的分配均匀程度变化较大[198-200]。

河川径流年内分配集中程度可以用集中度（RCD）来表示，而准确预测一年中最大径流量出现时间则可以用集中期（RCP）则来表示[201]。径流集中度的计算方法为：若年内径流量主要集中在某一个月内，那么流域径流的集中度为1；若全年中径流量在各月都较为平均，那么流域径流集中度就约等于0。根据多年径流实测资料，1956—1965年、1976—1995年以及2006—2015年流域径流集中度均小于多年平均集中度值，但是1966—1975年和1996—2005年的流域径流年内分配不均匀系数却大于不均匀系数多年平均值，则可以认为1966—1975年和1996—2005年径流分配较不均匀。1996—2005年径流集中度最高，达到68.62%，径流集中度呈上升的趋势，这说明流域径流量年内分配逐渐倾向于不均匀的趋势。其中，1956—2015年流域径流年内分配集中度均高于50%，这说明在这段时期径流年内分配极不均匀。准确计算径流集中期是判断径流变化趋势的一个必要数据，玛纳斯河径流在1956—1965年期间，集中期为7月26日，而在1966—1975年期间流域径流集中期同1956—1965年相比提前约2d，比1976—1985年提前约3d，比1986—1995年提前约6d。整体上，玛纳斯河流域径流集中期在7月21日左右。

表 4.1　　　　　　　玛纳斯河径流年内分配统计特征

时间段	C_v	C_r	RCD /%	RCP 合成量方向 /(°)	RCP 最大径流出现日期	Sr	Sa /(m³/s)
1956—1965年	1.11	0.46	65.09	207.9	7月26日	19.26	150.45
1966—1975年	1.15	0.47	67.7	204.3	7月24日	29.58	162.88
1976—1985年	1.1	0.46	65.76	201.7	7月21日	27.92	139.74
1986—1995年	1.12	0.46	66.32	192.3	7月15日	31.56	175.73
1996—2005年	1.19	0.48	68.62	194.4	7月17日	41.98	262.69
2006—2015年	1.12	0.47	65.9	200.1	7月20日	23.84	193.72
多年平均	1.13	0.47	66.57	200.1	7月21日	29.02	180.87

4.1.2　年际变化

从图 4.2 可知，玛纳斯河 1966—1975 年径流量接近多年平均径流量，1956—1965 年、1976—1995 年平均径流量小于多年平均径流量，1996—2015 年的平均径流量大于多年平均径流量。丰枯率计算规则为来水频率 $P < 0.25$ 的年份为丰水年，来水频率 $P > 0.75$ 的年份为枯水年，来水频率 $P = 0.25 \sim 0.75$ 的年份为平水年。玛纳斯河年径流量最大值为 20.19 亿 m^3，出现在 1999 年。径流量最小值约为 9.38 亿 m^3，出现在 1992 年。20 世纪 70 年代径流量相比较于 60 年代，径流量减少约 9.3%；20 世纪 80 年代径流量比 70 年代径流量平均增加约 2.72%；20 世纪 90 年代径流量比 80 年代径流量增加约 14.98%，2000 年以后径流量平均比 20 世纪 90 年代径流量增加约 5.04%。近年来玛纳斯河流域径流量呈逐年增加趋势，这与气候变化致使流域气温升高关系密切[199,202]。

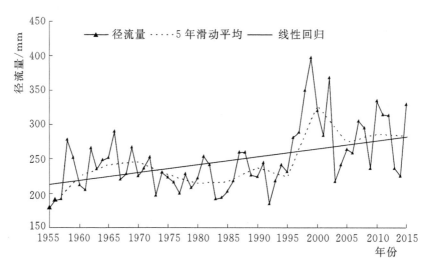

图 4.2　玛纳斯河年际径流量变化曲线

对玛纳斯河 1955—2015 年径流量采用 Mann - Kendall 非参数统计检验，绘制 UF 和 UB 曲线图。Mann - Kendall 非参数统计检

验方法当 *UF* 或 *UB* 大于 0 时，表明径流序列呈增加趋势；当 *UF* 或 *UB* 小于 0 时，表明径流序列呈减小趋势。Mann－Kendall 非参数统计检验，当径流序列超过临界值线时，表明径流增加或者减小的趋势呈显著状态。突变开始的时间是 *UF* 与 *UB* 曲线相交的时间节点，而且两曲线相交点必须在临界区域之内。如图 4.3 所示，根据玛纳斯河年径流量 Mann－Kendall 检验曲线可以看出，年径流量在 20 世纪 90 年代开始，逐年递增，径流突变时间为 1995 年，且交点在临界区域以内，但是并不显著，从 2000 年开始，年径流量开始显著上升。

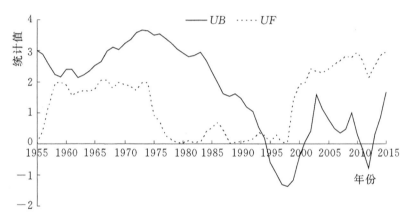

图 4.3 玛纳斯河年径流量 Mann－Kendall 检验曲线

4.2 降 水

玛纳斯河流域作为典型内陆河流域，降水量少且时空分布不均匀。流域年降水量由北部荒漠区向南部山区带状递增，平均海拔每上升 100m，降水量增加约 34mm。靠近沙漠边缘降水量仅有 117mm 左右，山前石河子市附近降水量 200mm 左右，前山带至中山带降水量达 300～430mm。流域绿洲平原区各季降水量变化较均匀，山区变化较大。夏季山区降水量大于平原区，冬季平原区降水量大于山区。

4.2.1 年内分配

通过对表4.2分析，玛纳斯河流域降水量年内分配不均。降水量主要集中在4—8月，占多年平均流量约70.2%。按季节划分，春季、夏季降雨量最多，降水量分别占全年降水量的32.9%和42.3%。冬季降水量最少，降水量仅占全年降水量的6.9%；秋季降水量占全年降水量的18.0%。

玛纳斯河近50年春季降水增加较慢，夏季降水增加趋势明显，秋季降水量呈现先增加后减少趋势。春季每十年降水量增加7.04mm，夏季每十年降水量增加11.02mm。冬季每十年降水量增加5.64mm。对于玛纳斯河农业绿洲，春夏季节降水量的增多，对于缓解流域春旱和垦区农作物生长具有重要意义[203-204]。

表4.2　　　　　　　　玛纳斯河流域降水量年内分配表

时间	降水量/mm	百分比/%
3月	17.2	5.0
4月	41.6	12.0
5月	54.7	12.9
6月	58.3	16.9
7月	52.2	15.1
8月	35.6	10.3
9月	28.4	8.2
10月	19.7	5.7
11月	13.9	4.0
12月	8.8	2.6
1月	7.2	2.1
2月	7.7	2.2
春季（3—5月）	113.5	32.9
夏季（6—8月）	146.1	42.3
秋季（9—11月）	62.1	18.0
冬季（12月—次年2月）	23.7	6.9

4.2.2　年际变化

肯斯瓦特水文站年降水量在1955—1965年间先增加后减少且波动幅度较大，1966—1977年呈先波动增加后减少趋势，在1977年达到最小值，从1978年起降水量呈波动增加的变化趋势，肯斯瓦特水文站年降水量呈现增加-减少-增加总趋势[205]。降水量最少时段20世纪在70年代中期至80年代中期。20世纪80年代为玛纳斯河流域降水变化的转折点，在其之前是一个逐渐下降的过程，在其之后是一个逐渐上升的过程。如图4.4所示，玛纳斯河流域的降水量年际变化大，年际变化较不均匀。

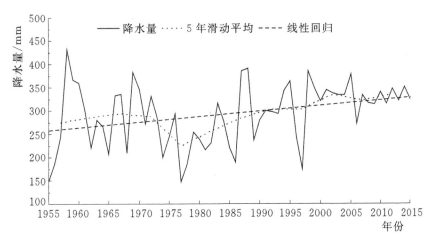

图4.4　玛纳斯河年际降水量变化曲线

4.2.3　突变分析

通过Mann-Kendall秩次检验法估算出降水量统计值，并做出降水量累积距平图，如图4.5所示。肯斯瓦特水文站降水量1955—1958年上升趋势明显；1959—1997年曲线呈不规则的周期波动，变化趋势不显著，但在1998—2015年上升趋势明显。而通过累积距平法分析1955—2015年降水量累积距平的变化时，在1997年前后

降水量累积距平分布呈先减少后增大的趋势。利用 Mann－Kendall
秩次检验发现玛纳斯河流域降水量发生突变的年份为 1997 年。

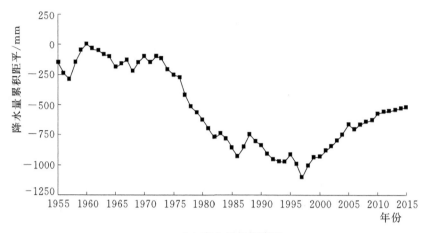

（a）降水量累积距平

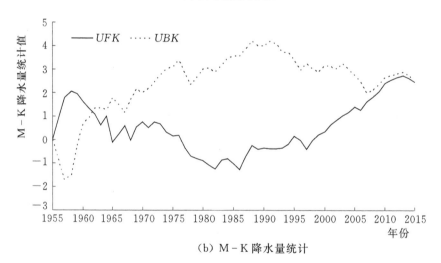

（b）M－K 降水量统计

图 4.5　肯斯瓦特水文站降水量突变分析

4.3　入渗

4.3.1　土壤入渗

　　20 世纪 90 年代后期节水技术开始得以推广，2000 年以后农业节水灌溉在新疆地区迅速发展，其中，玛纳斯河流域在节水灌溉方面取得重大进展，处于全疆乃至全国领先水平[168,206-207]。根据文献描述，棉田滴灌可以节约 30%～40%的水[207-208]。1980 年沟灌时期灌溉水利用系数只有 0.38，2000 年沟灌和滴灌混合时期为 0.57，2015 年滴灌推广时期灌溉水利用系数为 0.68，说明流域农田灌溉方式的不断进步促使灌溉水利用系数的提高。

膜下滴灌条件下，作物散发、降水补给、地膜对土壤蒸发的控制等条件均对土壤含水量的垂向分布特征有显著影响[209]。膜下滴灌对土壤含水量垂直变化影响见表 4.3。

表 4.3　　　　　　　　膜下滴灌对土壤含水量垂直变化影响

深度 /cm	地膜覆盖/（m³/m³）			无覆盖/（m³/m³）		
	7 月 15 日	8 月 15 日	9 月 15 日	7 月 15 日	8 月 15 日	9 月 15 日
30	0.238	0.224	0.219	0.148	0.140	0.162
50	0.202	0.184	0.176	0.162	0.167	0.175
70	0.176	0.165	0.158	0.151	0.148	0.143
100	0.196	0.182	0.176	0.172	0.148	0.148

节水措施在作物生长时期节水效果明显。膜下滴灌技术与无覆盖条件相比，表层土壤含水量较大，而根系以下土壤含水量两者相差不大，覆膜影响内土层含水量深度为 70cm。总体而言，覆膜技术对于土壤含水层水分蒸发影响显著，土壤含水量呈上下大、中间小的土壤分层特点，并且土壤含水量损失速率较慢，具有保温保水效果，而无覆盖土壤表层含水量消退速度较快。膜下滴灌技术能够减小作物苗期棵间土壤蒸发蒸腾量，减小土壤水分损失，满足作物生长期水分需要。膜下滴灌与沟灌条件下棉田节水效果比较见表 4.4。

表 4.4　　　膜下滴灌与沟灌条件下棉田节水效果比较

年份	2000		2005		2010		2015	
灌溉技术	滴灌	沟灌	滴灌	沟灌	滴灌	沟灌	滴灌	沟灌
灌水量/(m³/亩)	300	490	325	549	290	500	270	493
节水百分数/%	38.78		40.80		42.00		45.23	

4.3.2　河道入渗

玛纳斯河流域的地下水和地表水资源主要来源于出山口径流量的补给，出山口径流量的大小直接决定了农灌区渠首引水量和河道来水量的大小，也是流域地下水补给的主要来源。地下水赋存和转移条件在玛纳斯河出山口到夹河子水库之间较好，河床渗漏条件较好，平均渗漏系数达到 0.40 左右。根据新疆统计年鉴，1956 年玛纳斯河流域溢出带的泉水流量为 4.29 亿～5.00 亿 m³/a。1959 年东岸大渠开始引水后，渠系输水代替原有的河道输水，玛纳斯河河道径流量大大减少，高标准的渠道衬砌从而使得地下水的补给量骤然减少，造成泉水流量显著减小。1960 年泉水流量约为 3.70 亿 m³/a，相较于原本河道输水时，泉水流量约减少了 1 亿 m³/a，由此可见河道流量对地下水的补给作用明显。下游灌区农业用水主要依靠渠首引水量，其大小往往受出山口径流量大小和渠道设计引水能力的影响，渠道多年平均引水量为 9.18 亿 m³/a 左右。计算河道对于地下水的补给量，假设渠首引水量基本不变，保证率为 50%时河道向地下水补给量是 1.29 亿 m³/a，大于 70%保证率的补给量则小于 1.00 亿 m³/a，计算玛纳斯河多年平均河道流渗漏补给量为 1.1 亿 m³/a。

4.3.3　渠系入渗

流域地下水含水层不同、不同水文地质分带对于渠系补给量的大小有显著影响。一般在水平径流带和溢出带，渠系渗漏补给地下水可增加地下水的可利用资源量；但是在垂向交替带，地下水潜水水位依靠渠系渗漏补给，造成潜水位埋深变浅，潜水含水层蒸发量增加，强烈的蒸发作用不仅没有增加地下水可利用水资源量，而且使得土壤产生了次生盐渍化。玛纳斯河流域渠系水有效利用系数平均为0.78（补给修正系数按0.88计算）。随着流域水利工程修建和主要渠系防渗措施的加强，全流域的渠系水有效利用系数逐年增加，地下水受到的渠系渗漏补给逐年减小，根据实测资料计算得到当渠系水有效利用系数提高1%时，渠系渗漏补给量约减少0.08亿m^3/a。地下水均衡量变化曲线如图4.6所示。

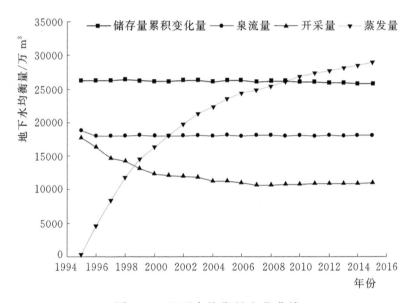

图4.6 地下水均衡量变化曲线

4.4 蒸散发

4.4.1 站点尺度蒸散发量变化

4.4.1.1 山区蒸散发量

玛纳斯河流域肯斯瓦特水文站实测蒸发数据总体上呈增加趋

势，蒸发量变化趋势如图 4.7 所示。分时段分析发现肯斯瓦特水文站实测蒸发量在 1978—1996 年逐年下降，而在 1997—2010 年逐年上升。分析 1978—2008 年实测蒸发量累积距平的变化，发现以 1996 年为时间节点蒸发量累积距平呈现先减少后增大的趋势。

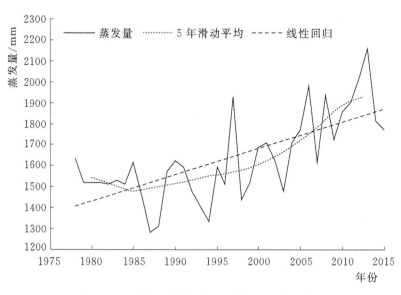

图 4.7   肯斯瓦特水文站蒸发量变化趋势

在干旱区，降雨不仅使得流域气温下降、湿度增加、入渗强度增大等，也对流域下垫面水分补给有一定的影响，蒸散发是影响土壤水分含量的关键因素[203-204]。在干旱区，降雨和蒸发是关系最为紧密的两组数据，一方面流域蒸散发量的大小和降雨多少呈负相关关系，蒸发与降水并不是同步发生，降水的发生使得气温降低从而减少流域蒸散发量；另一方面，在降雨过后，由于雨后土壤水分增加，湿度加大，流域蒸散发量也逐渐上升。肯斯瓦特水文站蒸发量突变情况分析见图 4.8。

4.4.1.2   绿洲区蒸散发量

（1）实际蒸散发。土壤通过覆膜措施形成了一个相对独立的水分循环系统，锁住了土壤内部水分循环，与不覆膜土壤含水量分布

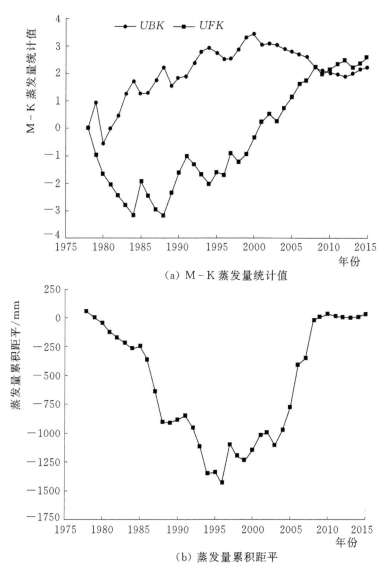

（a）M-K蒸发量统计值

（b）蒸发量累积距平

图 4.8　肯斯瓦特水文站蒸发量突变情况分析

和变化特征有显著差别。节水措施下，地膜覆盖让土壤水分蒸发后在膜下凝结成水滴又返回土壤，减少土壤棵间蒸发，使地表 20cm 深的土层在长期无降水补给时仍维持较高的含水量。覆膜条件下大部分水汽在膜下凝结而重新滴入土壤，形成膜下土壤水分循环。地膜覆盖影响了 90％面积棵间土壤蒸发，使得这部分水分得到保存，以满足作物生长发育的需要。

　　通过对地表覆膜与不覆盖条件下蒸发数据分析得出站点尺度土壤水分蒸发过程曲线图（图 4.9）。从图 4.9 中可以看出覆膜处理与无覆盖相比，其蒸发过程趋势曲线相似，但是无覆盖土壤蒸发量明显大于覆膜土壤，地膜覆盖可以有效减少 31.8％的土壤水损失。

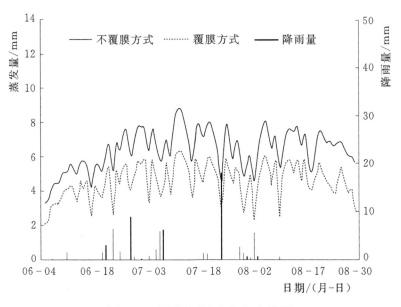

图 4.9　覆膜与裸地蒸发曲线图

　　膜下滴灌覆膜耕种在低温期具有增温和保温作用，在棉花生长期能够维持土壤水分、减少土壤间蒸发量的作用，给作物生长造成了良好的土壤温度环境和水分环境。膜下滴灌可以有效减少 90％的土壤棵间蒸发，节水效果明显，同时具有保墒的作用。西北干旱区水资源短缺，农业用水高达 90％以上，降低农作物的用水量可以产生巨大的经济效益，以控制蒸发来解决农业需水问题也是农业抗旱行之有效的措施之一。

　　（2）蒸发皿潜在蒸散发（ET_p）分析。收集统计流域石河子气象站点蒸发皿 2005 年、2010 年、2014 年的 1—12 月的观测数据，如图 4.10 所示，潜在蒸散发（ET_p）呈现先增加后减小的年内分布

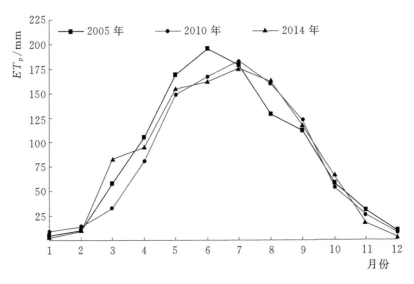

图 4.10　石河子气象站 ET_p 变化曲线对比图

（2005 年、2010 年、2014 年）

规律，最大值出现在 5—8 月，为 180mm 左右。

（3）基于 P－M 理论的潜在蒸散发（ET_p）规律分析。分析玛纳斯河流域 2005 年、2010 年、2015 年石河子气象站气象数据，包括气温、风速、湿度、日照时数、气压等。根据彭曼公式计算站点尺度日蒸散发量如图 4.11 所示。流域站点尺度日最大蒸散发量为 6.2mm。通过彭曼计算的日尺度蒸散发量得出，近十年流域日蒸散发量有明显减小趋势。

4.4.2　区域尺度蒸散发量变化

区域尺度蒸散发量变化主要采用全球蒸散产品 MOD16 数据集，包含全球地区 1km 空间分辨率的地表蒸散量（ET）、潜热通量（LE）、地表潜在蒸散量（PET）及潜在的潜热通量（PLE）这四类数据[79,210]，其时间分辨率包括 8d 尺度、月尺度及年尺度，数据始于 2000 年，空间分辨率为 0.05°[211-212]。本节选用 MODIS 全球蒸散产品 MOD16A2 数据集其中 2000—2014 年的月值和年值地表

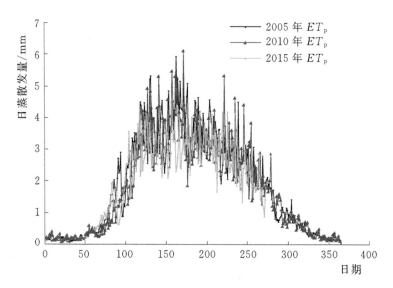

图 4.11　彭曼公式计算 ET_p 变化曲线对比图
（2005 年、2010 年、2015 年）

蒸散量（ET_a）和地表潜在蒸散量（ET_p）作为研究基础数据。

4.4.2.1　年际变化

通过对 MOD16 蒸散发产品的一般图像处理及不同尺度的精度验证，得到 2000—2014 年玛纳斯河流域实际蒸散发（ET_a）和潜在蒸散发（ET_p）数据集，包括年度蒸散发量和年内典型月蒸散发量，2000 年、2005 年、2010 年、2014 年月蒸散发量，分析得出玛纳斯河流域蒸散发时空分布规律。

节水技术推广后的 15 年间，玛纳斯河流域实际蒸散发（ET_a）和潜在蒸散发（ET_p）均处于波动变化状态。年均实际蒸散发波动幅度为 222.2～294.8mm，年均潜在蒸散发波动幅度为 1582.4～1780.3mm。节水条件下流域年均实际蒸散发最小值出现在 2008 年，为 222.2mm；同年也是年均潜在蒸散发最大值年份，高达 1780.3mm。2013 年是节水条件下流域年均实际蒸散发最大值年份，为 294.2mm；而年均潜在蒸散发（ET_p）最小值年份为 2003 年，为 1582.4mm。节水条件下流域近 15 年间实际蒸散发极值差为

72.6mm，潜在蒸散发极值差为 197.9mm。

节水条件下的 15 年间实际蒸散发年际变化呈现先减小后增大规律，与之对应的潜在蒸散发年际变化呈现先增大后减小趋势，实际蒸散发（ET_a）和潜在蒸散发（ET_p）在年际变化上呈现良好的负相关性，这与傅抱璞、丛振涛、韩松俊等专家提出的"蒸发互补"规律一致[85-87,213]。节水条件下实际蒸散发的变化幅度比较均匀，第一阶段（2000—2004 年）、第二阶段（2004—2010 年）和第三阶段（2010—2014 年）年间幅度差分别为 35.6mm、26.4mm 和 36.2mm。潜在蒸散发在第一阶段（2000—2004 年）和第三阶段（2010—2014 年）变化幅度较小，幅度差分别为 54.5mm 和 33.5mm，而在第二阶段变化幅度较大，幅度差为 175.1mm，这与节水技术在流域大面积推广时期相吻合。玛纳斯河流域 ET_a、ET_p 年际变化曲线如图 4.12 所示。

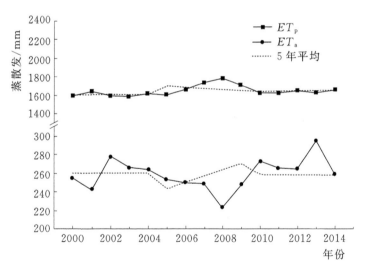

图 4.12 玛纳斯河流域 ET_a、ET_p 年际变化曲线对比图（MOD16）

4.4.2.2 年内分布

（1）实际蒸散发年内分布规律。以 2000 年为例，玛纳斯河流域实际蒸散发呈现带状分布特征，从南部山区到北部荒漠区递减，与潜在蒸散发空间分布规律类似，夏季农田灌溉期中部平原带状分布特征被打破，呈现中部平原区实际蒸散发明显大于与其接近的山区和荒漠区。玛纳斯河流域实际蒸散发年内分布如图 4.13 所示。

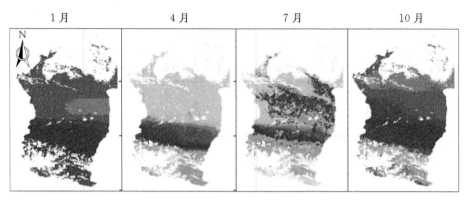

2000 典型月 ET_a 分布/mm

0　5　9　13　18 23 28 35 40 45 50 56 60 65 70 75 80 90 100 120 152

图 4.13　玛纳斯河流域实际蒸散发年内分布图（2000 年）

2000 年、2005 年、2010 年、2014 年玛纳斯河流域实际蒸散发年内分布规律呈现不规则波动趋势，其中，4 月、10 月为实际蒸散发较低，7 月、8 月最高，实际蒸散发年内分布较潜在蒸散发均匀，5—8 月实际蒸散发量占全年实际蒸散发量的 38% 左右。玛纳斯河流域实际蒸散发年内分布情况如图 4.14 和图 4.15 所示。

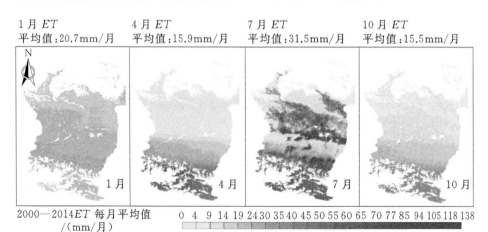

2000—2014 ET 每月平均值 /（mm/月）

0　4　9　14 19 24 30 35 40 45 50 55 60 65 70 77 85 94 105 118 138

图 4.14　玛纳斯河流域实际蒸散发年内分布图（2000—2014 年）

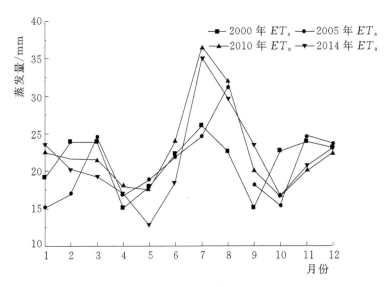

图 4.15　玛纳斯河流域实际蒸散发年内分布曲线
（2000 年、2005 年、2010 年、2014 年）

（2）潜在蒸散发年内分布规律。以 2014 年为例，玛纳斯河流域潜在蒸散发呈现带状分布特征，从南部山区到北部荒漠区递增。夏季中部平原区带状分布特征被耕地区域潜在蒸散发减小而打破，呈现中部平原区潜在蒸散发小于与其接近的山区潜在蒸散发值，说明人类活动对潜在蒸散发也存在一定影响。玛纳斯河流域潜在蒸散发年内分布如图 4.16 所示。

图 4.16　玛纳斯河流域潜在蒸散发年内分布图（2014 年）

分析典型年 2000 年、2005 年、2010 年、2014 年潜在蒸散发（ET_p）月平均值，得出年内潜在蒸散发时空变化特征。从流域潜在蒸散发（ET_p）月平均值变化曲线对比可以看出流域潜在蒸散发年内分布规律呈现良好的一致性，呈现倒 U 形，即先增大后减小，其中，1 月、2 月、11 月、12 月潜在蒸散发量为 20～80mm；3 月、4 月为快速增长期，9 月、10 月为快速下降期；5—8 月潜在蒸散发量为 200～240mm。说明潜在蒸散发受季节影响很大，且年内分布很不均匀，5—8 月潜在蒸散发量占全年潜在蒸散发量的35％左右。玛纳斯河流域潜在蒸散发年内分布情况如图 4.17 和图 4.18 所示。

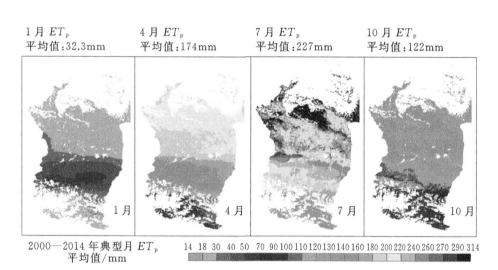

图 4.17 玛纳斯河流域潜在蒸散发年内分布图（2000—2014 年）

4.4.2.3 空间分布

（1）实际蒸散发空间分布规律。玛纳斯河流域实际蒸散发（ET_a）从南部山区到中部平原区再到北部荒漠区呈条带状递减，高值区主要分布在流域南部高山区，年实际蒸散量均在 400mm 以上。低值区则主要分布在北部的荒漠区，年实际蒸散量多在 140mm 以下，主要因为荒漠区虽然有很强的蒸发能力，由于土壤含水量

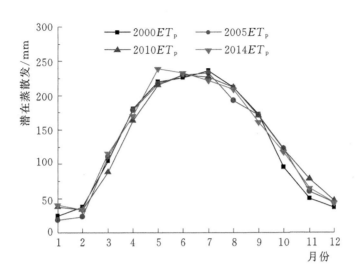

图 4.18　玛纳斯河流域潜在蒸散发年内分布曲线
（2000 年、2005 年、2010 年、2014 年）

低，实际蒸散发量小。中部平原区实际蒸散发量介于两者之间，均值在 300mm 左右。平原区实际蒸散发有明显的增大趋势，2013 年平原区实际蒸散发量达近 400mm，这与流域内耕地面积增长，植被密度增大有较大关系。

（2）潜在蒸散发空间分布规律。玛纳斯河流域潜在蒸散发（ET_p）空间分布也具有明显的地域差异，与实际蒸散发量相反，流域潜在蒸散发从南部山区到中部平原区再到北部荒漠区呈现带状递增。其中山区 PET 均值在 1100mm 左右，并且有明显的减小趋势，这与冰盖范围减小引起蒸散潜力减小有关；平原区潜在蒸散发量在 1700mm 左右，也有减小趋势，这与平原区人类活动，比如耕地灌溉方式和气候变化等因素相关；荒漠区潜在蒸散发量在 2000mm 左右，存在明显的增加趋势，同时说明荒漠区干旱指数不断增大，干旱程度不断增加。实际蒸散发（ET_a）和潜在蒸散发（ET_p）空间分布规律如图 4.19 所示。

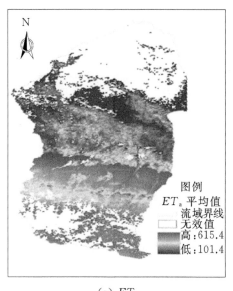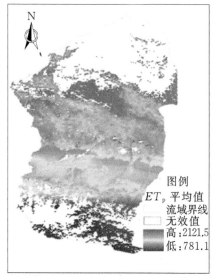

（a）ET_a　　　　　　　　　　　（b）ET_p

图 4.19　实际蒸散发（ET_a）和潜在蒸散发（ET_p）
空间分布规律（2000—2014 年）

4.4.3　绿洲区蒸散发量变化

2000—2014 年实际蒸散发和潜在蒸散发年际波动不大。节水条件下流域实际蒸散发平均值为 101～615mm，潜在蒸散发平均值为 781～2121mm，年均实际蒸散发和潜在蒸散发量差距很大，进一步说明玛纳斯河流域属于干旱缺水地区。玛纳斯河流域平原区实际蒸散发（ET_a）和潜在蒸散发（ET_p）变化如图 4.20 所示。

4.4.3.1　绿洲区实际蒸散发量变化规律

玛纳斯河流域实际蒸散发量增加区域面积约占 16.6%，轻微增加和明显增加各占 12.0% 和 4.6%，轻微增加区域集中在绿洲耕作区，明显增加区域主要分布于新增耕地区，实际蒸散发增加，一方面是由于耕地面积扩张，导致植被覆盖度增加；另一方面是水利工程调蓄措施使得实际蒸发量变大。实际蒸散发量减少区域约占 8.7%，

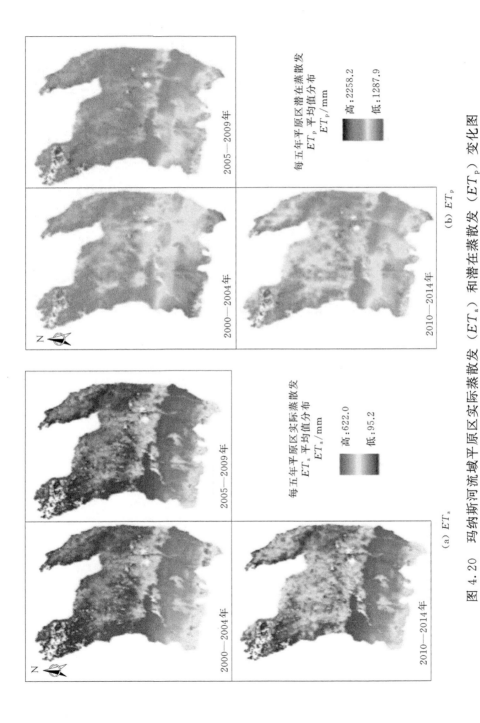

(a) ET_a

(b) ET_p

图 4.20　玛纳斯河流域平原区实际蒸散发（ET_a）和潜在蒸散发（ET_p）变化图

主要分布在流域南部山区山前草原和林带，可能与植被覆盖度降低有关。受人类活动影响，玛纳斯河流域河谷平原一带森林被众多经济林和村镇绿化林取而代之，植被覆盖度有所下降。实际蒸散发基本不变的区域面积约占 74.7%，其中南部山区和北部荒漠区出现减少趋势，占 57.3%，而中部平原区显示增加趋势，占 17.4%。

4.4.3.2　绿洲区潜在蒸散发量变化规律

玛纳斯河流域潜在蒸散发量增加区域约占 79.3%，轻微增加和明显增加各占 74.6% 和 4.7%，分布在除平原区以外的其他区域，一般气候越干旱，潜在蒸散发越大，可反映出流域绿洲平原区有湿润趋势。潜在蒸散发量减少区域约占 8.6%，以严重减少（7.4%）为主，主要分布在流域中部平原区，潜在蒸散发的减少可能与绿洲区气候因素变化有关。潜在蒸散发基本不变区域面积约占 12.1%。流域绿洲耕作区潜在蒸散发呈现减少趋势，这可能与人类开荒拓荒，改变了绿洲气候等因素相关。玛纳斯河流域 2000—2014 年 ET_a、ET_p 变化趋势分布如图 4.21 所示；玛纳斯河流域 MOD16 蒸散发产品数据统计见表 4.5 和表 4.6。

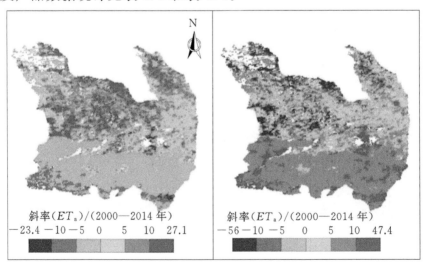

图 4.21　玛纳斯河流域 2000—2014 年 ET_a、ET_p
变化趋势分布图（MOD16）

表 4.5　玛纳斯河流域 MOD16 蒸散发产品数据统计表　　　　　　　　单位：mm

	项目	2000 年	2001 年	2002 年	2003 年	2004 年	2005 年	2006 年	2007 年	2008 年	2009 年	2010 年	2011 年	2012 年	2013 年	2014 年
平原区	ET_p 最小值	1167.9	1223.9	1191.4	1199.7	1252.4	1205.8	1281.9	1338.6	1371.2	1328.0	1303.6	1293.5	1274.8	1273.2	1317.5
	ET_p 最大值	2126.8	2150.5	2201.9	2096.7	2081.0	2165.6	2220.3	2332.5	2345.5	2264.7	2239.1	2211.2	2197.7	2213.3	2159.9
	ET_p 平均值	1657.4	1704.5	1648.5	1643.8	1667.6	1655.2	1719.4	1790.4	1838.1	1755.6	1670.4	1662.2	1697.3	1669.7	1700.1
	ET_p 标准差	150.8	141.5	153.0	143.3	135.0	143.9	130.3	146.0	134.8	138.2	118.1	131.7	131.0	120.8	116.1
	ET_a 最小值	105.5	101.7	118.1	105.8	106.3	92.9	100.5	93.1	87.1	96.2	110.2	95.0	94.2	103.7	104.9
	ET_a 最大值	651.9	656.4	620.8	638.3	638.1	606.5	606.4	666.5	564.7	598.4	598.6	626.8	594.3	627.7	518.1
	ET_a 平均值	221.2	207.5	245.0	234.3	235.5	220.2	217.7	220.3	196.6	220.8	251.8	242.8	238.7	276.8	237.4
	ET_a 标准差	81.9	76.4	81.9	81.3	77.5	80.8	74.5	83.3	71.8	74.9	75.5	80.4	79.2	89.6	72.4
全流域	ET_p 最小值	410.4	352.7	665.6	686.0	751.9	403.7	465.8	530.2	849.3	479.3	724.1	734.6	723.1	511.0	538.6
	ET_p 最大值	2126.8	2150.5	2201.9	2097.6	2081.0	2165.6	2220.3	2332.5	2345.5	2264.7	2239.1	2211.2	2197.7	2213.3	2159.9
	ET_p 平均值	1594.3	1636.9	1592.6	1582.4	1616.2	1595.2	1655.3	1734.9	1780.3	1700.8	1624.2	1617.7	1641.9	1622.3	1651.2
	ET_p 标准差	287.0	278.7	283.9	274.7	261.8	280.3	276.3	280.2	280.8	276.5	247.0	263.3	277.3	247.7	250.5
	ET_a 最小值	102.3	98.2	115.9	105.1	103.7	90.9	99.6	88.4	85.7	94.6	105.9	95.0	91.1	97.8	101.1
	ET_a 最大值	696.8	656.4	713.8	662.1	638.1	641.7	702.0	680.0	621.3	618.7	883.0	626.8	619.0	627.9	584.2
	ET_a 平均值	255.5	241.7	277.3	265.6	263.6	252.2	250.2	248.6	222.2	247.0	272.7	264.8	263.2	294.8	258.6
	ET_a 标准差	138.6	132.5	136.9	134.9	128.5	137.5	131.0	132.8	114.5	122.1	118.0	122.2	125.0	130.3	113.3

表 4.6　玛纳斯河流域 MOD16 蒸散发产品数据分阶段、

分区域统计表　　　　　　　　单位：mm

项目			2000—2004 年平均值	2005—2009 年平均值	2010—2014 年平均值	2000—2014 年平均值
平原区	ET_p	最小值	1207.9	1313.5	1299.6	1273.7
		最大值	2068.7	2258.2	2150.2	2121.5
		平均值	1664.2	1751.6	1679.8	1698.5
		标准差	143.2	136.6	121.4	129.7
	ET_a	最小值	109.7	95.2	103.9	103.1
		最大值	622.0	583.2	559.1	584.6
		平均值	228.7	215.1	249.5	231.1
		标准差	78.7	75.2	76.5	72.3
全流域	ET_p	最小值	689.5	815.1	820.2	781.2
		最大值	2068.7	2258.2	2150.2	2121.5
		平均值	1606.5	1695.2	1633.2	1646.0
		标准差	274.1	275.6	254.2	265.0
	ET_a	最小值	108.3	93.9	100.3	101.5
		最大值	630.3	611.0	608.4	615.4
		平均值	259.8	243.2	270.1	257.3
		标准差	132.9	125.9	119.7	123.6

4.4.4　不同土地类型蒸散发量分析

影响区域蒸散发的因素有许多，它不仅与区域土地利用类型、土壤理化性质有关，还与气候条件相关。本书选取 2000 年、2005年、2010 年、2014 年作为代表年份，利用 MOD16 反演的 ET_a、ET_p 数据，通过 GIS 叠置分析和数理统计，确定不同土地利用类型下玛纳斯河流域蒸散发量。

玛纳斯河流域土地利用从南到北可归纳为山前阔叶林地、林草地、耕地和荒漠植被区 4 种类型。依据 MOD16 蒸散发产品数据按照地物类型分析得出不同土地类型平均年实际蒸散发量和潜在蒸散发量。不同土地类型的蒸散发量见表 4.7。

表 4.7　　　　　　　　　不同土地类型的蒸散发量　　　　　　单位：mm

ET 值	山区阔叶林	耕地	林草地	荒漠区
ET_p范围	370~1300	1550~1750	1400~1900	1800~2200
ET_p平均值	1220	1600	1520	1940
ET_a范围	290~880	230~420	150~260	90~175
ET_a平均值	480	320	208	108

山区阔叶林实际蒸散发量主要为 290～880mm，均值为 480mm，潜在蒸散发量主要为 370～1300mm，均值为 1220mm。玛纳斯河流域水资源主要来源为天山融雪水，山区阔叶林区域是地表水资源流过的第一个水资源消耗区域，该区域植被条件良好，有足够蒸散发所需水源，因此该区是流域实际蒸散发高值区，又因为气候条件限制，是潜在蒸散发低值区。

耕地实际蒸散发量主要为 230～420mm，均值为 320mm，潜在蒸散发量主要为 1550～1750mm，均值为 1600mm。耕地是玛纳斯河流域中部平原区天山北坡高效生态经济区内分布最广泛的土地利用类型之一[214]，是天山北坡经济带的粮食高产区，农作物以棉花为主，灌溉条件较好，导致实际蒸散发量大都在 280mm 以上。

林草地区域实际蒸散发量主要为 150～260mm，均值为 208mm，潜在蒸散发量主要为 1400～1900mm，均值为 1520mm。该区域蒸散发量比较平均，较高和较低的区域面积较小。

荒漠植被区实际蒸散发量主要在 90～175mm 之间，均值为 108mm，潜在蒸散发量主要为 1800～2200mm，均值为 1940mm。由于流域大量开垦，耕地面积的增加，流域有限的水资源在农业灌溉上显得捉襟见肘，因此，到达流域下游荒漠区，可用于蒸散发的水资源量基本为零，导致该区域实际蒸散发量最低。又因为荒漠区气温高，辐射强度大，具备较好的蒸发能力，导致该区域潜在蒸散发较高。玛纳斯河流域实际蒸散发和潜在蒸散发空间分布如图 4.22 所示。

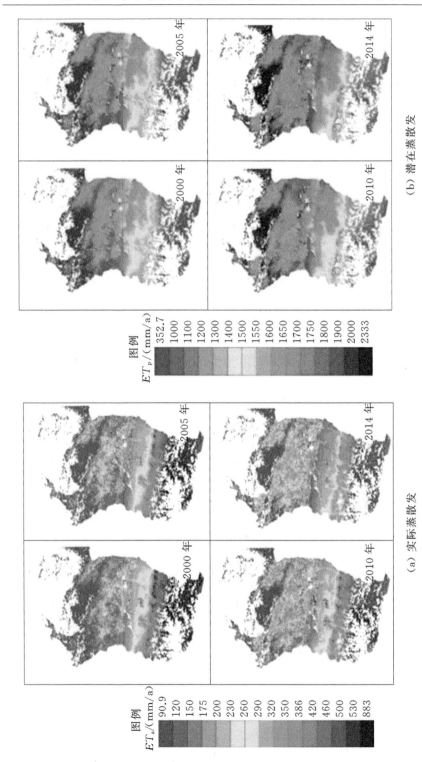

（b）潜在蒸散发

$ET_p/(mm/a)$

352.7
1000
1100
1200
1300
1400
1500
1550
1600
1650
1700
1750
1800
1900
2000
2333

图例

（a）实际蒸散发

$ET_a/(mm/a)$

90.9
120
150
175
200
230
260
290
320
350
386
420
460
500
530
883

图例

图 4.22　玛纳斯河流域实际蒸散发和潜在蒸散发空间分布

不同土地利用类型实际蒸散量和潜在蒸散发量都不相同，流域蒸散发量大小可以按照不同土地利用类型进行分类[215-217]。玛纳斯河流域土地类型转化逐渐从双向转化趋向于单向转化，草地与未利用土地不断地转化为耕地与建设用地，在强烈人类活动影响的基础上，耕地和建设用地的增加使得平原区用水量增加，实际蒸散发量随之增加，潜在蒸散发降低，绿洲区更湿润；反之，除平原区以外，荒漠区和山区均出现实际蒸散发减小，潜在蒸散发增加，说明荒漠区和山区更干旱，荒漠化加剧。

4.5 本章小结

本章分析了节水条件下玛纳斯河流域降水、径流、入渗和蒸散发变化规律；通过膜下滴灌试验从点尺度分析滴灌技术对土壤水分入渗以及覆膜技术对土壤水分蒸发的影响；通过遥感解译手段从站点和区域两个方面分析节水条件下流域实际蒸散发（ET_a）和潜在蒸散发（ET_p）变化规律，确定了不同下垫面蒸散发量，为节水条件下流域水循环模拟提供降水、蒸发和入渗参数基础数据。主要结论如下：

（1）节水条件下玛纳斯河流域的降水和径流明显增加。采用多项式曲线拟合及 Mann – Kendall 秩次检验法估算得出，从 2000 年左右开始降水和径流趋势呈逐年升高，并且近年来增加明显。

（2）区域实际蒸发量是反映当地水资源消耗及水资源利用的重要指标，膜下滴灌技术通过地膜覆盖可以有效减少 31.8% 的土壤水损失。2000—2014 年节水技术推广时期，流域实际蒸散发在中部平原区显示增加趋势，其余区域显示减少趋势。潜在蒸散发在中部平原区显示减少趋势，其余区域显示增加趋势，说明玛纳斯河流域中部平原区有越来越湿润趋势，其他区域则显示越来越干旱趋势，节水技术作用下，流域绿洲化和荒漠化同时加剧。

（3）2000—2014 年节水技术推广时期，玛纳斯河流域实际蒸散发和潜在蒸散发量均处于波动状态，年均实际蒸散发在 222.2～294.8mm 范围内波动，年均潜在蒸散发在 1582.4～1780.3mm 范围内波动。2008 年流域年均实际蒸散发最小，为 222.2mm，同时也是年均潜在蒸散发最大年份。在年际上和空间上，ET 增加则 PET 减少，ET 减少则 PET 增加，ET 与 PET 在年际变化上和空间上均呈现良好的负相关性。

（4）不同土地利用类型蒸散发量大小差异较大。山区落叶阔木林实际蒸散发量最大（480mm），其次为耕地（320mm）、林草地（208mm），蒸散发最小的为荒漠植被区（108mm）；荒漠植被区潜在蒸散发最大（1940mm），其次为林草地（1520mm）、耕地（1600mm）和山区落叶阔木林（1220mm）。

第5章 节水条件下玛纳斯河流域水循环过程模拟

玛纳斯河流域节水措施大面积推广这一重要人类活动在提高了水资源利用效率的同时，扰乱了流域自然水循环过程。尤其是膜下滴灌技术通过覆膜和滴灌技术改变了农田入渗及土壤蒸散发条件，影响了农田水分传输过程，进而影响流域水循环过程。基于对玛纳斯河流域水循环要素变化研究，通过构建节水条件下流域水循环模拟模型，开展不同节水程度下水循环过程模拟，计算节水措施下地下水均衡及地下水位降深，为流域水资源合理开发利用提供科学依据。

5.1 玛纳斯河流域水循环过程分析

玛纳斯河流域地处西北内陆区，水文地质结构多样，包含山区、平原区和荒漠区。流域水资源从南部山区到北部沙漠区主要经历了四次不同的转化过程。

第一次转换过程发生在流域上游山区。大气降水、地表水与地下水的转化频繁，而且范围较大。此区为基岩裂隙水分布的强富水区，由古生界的沉积－变质岩和中生界沉积岩组成，山势陡峻，裂隙发育，雨量充沛，气候湿润，大气降水和积雪融水除补给基岩裂隙水外，成为地表水的主要水源，为第一循环带-山区。中低山丘陵区，山间洼地孔隙裂隙水分布的强富水深埋藏潜水亚区，第一、第二排背斜构造之间，地貌形态为洼地，其形成是受向斜构造所控制，地形呈波状起伏，洼地呈东西带状分布，并为南北向河流所横切，切割深度达 70～200m，洼地沉积较厚的砾石、卵石层，渗透性良好，河流经过此地造成大量渗漏，故洼地成为天然的地下水库，为第二循环带-地下水库[218]。低山丘陵是裂隙水分布的贫水亚区，位于第二、第三排构造，由第三系泥岩、砂岩、砾岩组成，由于新构造运动，褶皱隆起，冲沟发育，地层透水性极差，为微弱富水或阻水地质体。由大气降水和冰雪融水形成地表水，地表水蒸发形成大气水[206]。

第二次转换发生在流域中上游冲洪积扇。泉水、地表水、浅层地下水经蒸发作用转化为大气水，或以植物蒸腾耗水方式将地下水转化为大气水。山前冲洪积扇区分是富水性极强的深埋藏潜水亚区和富水性强的浅埋藏潜水与承压水亚区，富水性极强的深埋藏潜水亚区，水位埋藏一般为 20～170m，含水层为卵砾石，单位涌水量大于 1000m³/d，部分地区涌水量大于 3000m³/d，矿化度小于 0.5g/L，属 HCO_3 - Ca 型水，渗透系数为 70～130m/d，水量丰富，为地下水补给径流区，为第三循环带[219]。富水性强的浅埋藏潜水与承压（自流）水亚区，位于洪积扇边缘溢出带，该区由于近年大量开采地下水，溢出带范围明显萎缩，泉水和沼泽带现仅在水库附近一带零星分布，潜水水位般为 2～5m，局部地区潜水水位小于 1m，潜水含水层为砂砾石、粗中砂、承压水含水层以卵砾石为主，自流量为 10～30L/s，本区潜水和承压水丰富，单位涌水量达 1000m³/d，渗透系数为 20～70m/d，水质良好，属 HCO_3 - Ca 型水，矿化度小于 0.5g/L，为第三循环带。

第三次转换发生在流域中下游冲积平原区，伴随地表水和浅层地下水经蒸发转化为大气水，以及植物蒸腾耗水将地下水转化为大气水。冲洪积平原区富水性弱的潜水与富水性中等的承压水亚区，位于冲积平原中上部，潜水埋深一般为 $2\sim5m$，承压含水层以细砂为主，局部为砂砾石，厚度变化大，自流量为 $3\sim5L/s$。水质良好，大多为 HCO_3-Ca 型水，矿化度小于 $1g/L$，含氟量为 $1\sim2mg/L$，总硬度小于 $100mg/L$；富水性弱的潜水与承压水亚区，位于冲积平原中下部，潜水埋深为 $5\sim10m$，潜水矿化度较高，承压含水层以粉细砂为主，局部为粗砂砾石，厚度不大，自流量为 $0.5\sim5L/s$，单位涌水量小于 $1000m^3/d$，水质较好，矿化度小于 $1g/L$，含氟量小于 $2mg/L$，总硬度小于 $100mg/L$，可以饮用。

第四次转化发生在流域下游沙漠区，大气降水转化为地表水和地下水。沙漠区为弱富水潜水承压水亚区，含水层为粉细砂，自流量小于 $1L/s$。$200m$ 深度内潜水单位涌水量小于 $1000m^3/d$。地表水经玛纳斯河河道流入玛纳斯湖，流经过程中通过蒸发转化为大气水，进入玛纳斯湖后，湖水补给地下水，湖面蒸发转化为大气水。地下水在重力作用下流入北部沙漠区，流经过程中浅层地下水转化为大气水，沙漠植物在蒸腾作用的影响下，将地下水和土壤水转化为大气水。

5.2　玛纳斯河流域山区径流过程模拟分析

玛纳斯河流域地处西北干旱区，山区径流形成主要依靠夏季降水和冰川积雪融水，冰川与积雪的积累和消融在水资源和水环境中占据重要地位。本章所用冰川数据集来源于寒区旱区科学数据中心中国第二次冰川编目数据集（V1.0）。

山区融雪径流的模拟采用 MIKE11/NAM 模型进行模拟。MIKE11/NAM 模型是一个集总参数的概念性水文模型，主要用来模拟水文循环过程中的降雨径流过程。MIKE11/NAM 模型所需的输入数据包括气象数据和流量数据（用于模型参数选择和验证）、流域水文参数和初始条件。气象数据包括流域降雨时间序列、潜蒸发时间序列、温度和太阳辐射序列。

5.2.1　MIKE11/NAM 模型原理

MIKE11 是由丹麦 DHI 公司开发的一维河网水动力模拟软件包，广泛应用于河口、河网、灌溉渠道、水库等水流、水质等方面的研究。MIKE11 由水动力模块、对流-扩散模块、水质模块、降雨-径流模块、洪水预报模块等组成，核心模块为水动力模块（HD）。HD 模块采用 Abbott－Ionescu 有限差分格式对河道一维圣维南方程组进行求解，所需输入文件为河网文件、断面文件、边界文件、参数文件。NAM 降雨径流模型是由丹麦理工大学水力动力工程学院 Nielsen 与 Hansen 首次提出的一种集总式概念性水文模型，主要用于模拟自然流域降雨径流过程。NAM 将流域划分成积雪储水层、地表储水层、浅层储水层、地下储水层四个不同但相互影响的水层，并通过输入的气温、降水、蒸发等数据计算四个水层的含水量来模拟流域产汇流过程，模型结构如图 5.1 所示。

（1）积雪储水层。积雪储水层是 NAM 的一个可选择模块，模块主要用于计算融雪水当量，并将计算所得融雪水当量汇入地表储水层。NAM 设定气温高于积雪融点温度时降水全部以雨水的形式补充到地表蓄水层，气温低于融点温度时降水全部以雪的形式补充到积雪蓄水层。

（2）地表储水层。地表储水层最大蓄水容量 U_{max} 主要反映流域洼地、植被、耕作层土壤蓄水等特征。融雪水当量 P_S 以及降水 P 进入地表储水层后首先用于补充地表储水层含水量 U，当 U 超过 U_{max} 后 P_S 与 P 形成净雨 P_N。此后模型将 P_N 分配为坡面漫流 QOF 与下渗量，下渗量将被进一步划分为浅层储水层补给量 DL 与地下

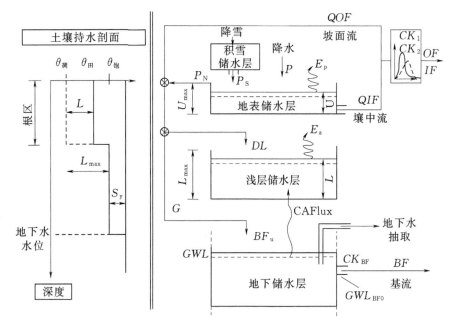

图 5.1　NAM 结构图

储水层补给量 G。

（3）浅层储水层。浅层储水层最大蓄水容量 L_{max} 表示提供植被蒸散发所需水分的根系土壤层所能达到的最大蓄水容量。浅层储水层接受下渗量形成的 DL 补给量并形成壤中流 QIF。

（4）地下储水层。地下储水层接受下渗量形成的补给量 G，形成基流 BF。

NAM 径流主要包括坡面漫流 QOF、壤中流 QIF 与基流 BF，而融雪水量 P_S、蒸发 E 与净雨 P_N 分配过程则直接影响着径流的形成，具体过程如下：

（1）融雪水当量 P_S。NAM 融雪模块采用度日因子法通过区域气温与初始积雪水当量计算融雪水当量 P_S，如式（5.1）所示。

$$P_S = \begin{cases} C_{snow} \times (T - T_0), & T > T_0 \\ 0, & T \leqslant T_0 \end{cases} \tag{5.1}$$

式中：P_S 为融雪水当量；C_{snow} 为度日因子；T_0 为积雪融点温度；T

为日气温。

（2）坡面漫流 QOF。QOF 的形成与净雨量 P_N 以及浅层蓄水层含水量 L 有关，计算过程如式（5.2）所示。

$$QOF=\begin{cases} CQOF\times\dfrac{\dfrac{L}{L_{max}}-TOF}{TOF}\times P_N, & \dfrac{L}{L_{max}}>TOF \\[2ex] 0, & \dfrac{L}{L_{max}}\leqslant TOF \end{cases} \qquad (5.2)$$

式中：$CQOF$ 为地表径流系数；TOF 为地表径流根区阈值。

降落到地面的净雨量再次进行水量分配，一部分渗透到地下蓄水层，另一部分渗透到浅层蓄水层[219-220]。

$$G=\begin{cases} (P_N-QOF)\dfrac{L/L_{max}-TG}{1-TG}, & L/L_{max}>TG \\[2ex] 0, & L/L_{max}\leqslant TG \end{cases} \qquad (5.3)$$

式中：TG 为地下水补给阈值（$0\leqslant TG\leqslant 1$）。

（3）壤中流 QIF。QIF 主要取决于地表蓄水层含水量 U 与浅层蓄水层含水量 L，计算过程如式（5.4）所示。

$$QIF=\begin{cases} \dfrac{L/L_{max}-TIF}{CQIF\times(1-TIF)}, & L/L_{max}>TIF \\[2ex] 0, & L/L_{max}\leqslant TIF \end{cases} \qquad (5.4)$$

式中：$CQIF$ 为壤中流时间常数；TIF 为壤中流根区阈值。

（4）基流 BF。基流的形成主要取决于地下水储水层水位 GWL，计算过程如式（5.5）所示。

$$BF=\begin{cases} (GWL_{BF0}-GWL)\times S_y/CK_{BF}, & GWL>GWL_{BF0} \\ 0, & GWL\leqslant GWL_{BF0} \end{cases} \qquad (5.5)$$

式中：GWL 为地下水水位；GWL_{BF0} 为地下蓄水层最大水深；S_y 地下蓄水层出水系数。

（5）蒸发 E。NAM 中蒸发采用两层蒸发模型计算，分别是地

表储水层蒸发量 E_1 与地下蓄水层蒸发量 E_2。地表蓄水含水量 U 大于蒸发力 E_P 时按蒸发力 E_P 蒸发，U 低于蒸发力 E_P 时 U 全部用于蒸发，不足部分由浅层储水层蒸发量 E_2 补充。具体计算如式（5.6）～式（5.8）所示。

$$E = E_1 + E_2 \tag{5.6}$$

$$E_1 = \begin{cases} E_P, & U \geqslant E_P \\ U, & U < E_P \end{cases} \tag{5.7}$$

$$E_2 = \begin{cases} E_P, & U \geqslant E_P \\ U, & U < E_P \end{cases} \tag{5.8}$$

（6）净雨 P_N 分配。NAM 将净雨 P_N 分配为坡面漫流 QOF、地下储水层补给量 G 与浅层储水层补给量 DL，坡面漫流计算过程如式（5.2）所示，地下储水层补给量如式（5.9）所示，浅层储水层补给量如式（5.10）所示。

$$G = \begin{cases} (P_N - QOF) \times \dfrac{L/L_{max} - TG}{1 - TG} \times P_N, & \dfrac{L}{L_{max}} > TG \\ 0, & \dfrac{L}{L_{max}} \leqslant TG \end{cases} \tag{5.9}$$

$$DL = P_N - QOF - G \tag{5.10}$$

式中：TG 为地下水补给阈值。

NAM 模型采用线性水库的方法计算汇流过程，计算公式为

$$I(t) - Q(t) = \frac{\mathrm{d}W(t)}{\mathrm{d}t}, W(t) = KQ(t) \tag{5.11}$$

式中：$I(t)$ 为线性水库的入流和出流过程；$W(t)$ 为线性水库的蓄水过程；K 为线性水库蓄水量常数。

5.2.2 降水和气温时间序列输入

玛纳斯河流域上游山区面积较大，自然要素随着高程赋值也不

尽相同，流域山区高程范围较大，山区每年一定时期内发生融雪和降雨混合型径流过程，降水过程在流域局部地区比较显著，流域内部水文站点稀少，且大多数站点都分布在低山区。对于流域气温和降水，模型采用递增率调整站点气象数据来计算，为提模拟精度需要对山区进行高程带划分，基准站点为肯斯瓦特水文站，以整个山区作为降雨径流模拟演算单元，合理的降水和气温输入对于融雪模型至关重要。

流域高程 3600m 以上高山区为永久积雪，年平均气温在 0℃ 以下，积雪密度较高，为第一高程带；高程 1800～3600m 为中高山区，积雪形式为片状不连续积雪，为第二高程带；高程在 1800m 以下为丘陵区，积雪主要形式为瞬时斑状不连续积雪，为第三高程带。玛纳斯河流域年平均气温变化趋势如图 5.2 所示。

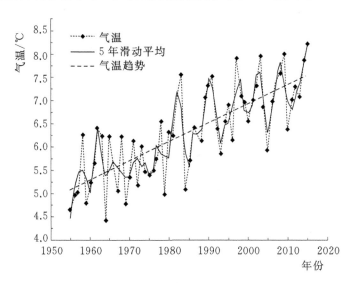

图 5.2　玛纳斯河流域年平均气温变化趋势

玛纳斯河干流上有两个基本水文站：一是肯斯瓦特水文站，该站在玛纳斯县南面的肯斯瓦特，站址以上集水面积为 4637km²，高程为 940.0m；二是红山嘴水文站，该站设在玛纳斯县红山嘴，站址以上集水面积为 5156km²，高程为 610.0m。肯斯瓦特水文站多年气温、降雨年内分配过程如图 5.3 所示。

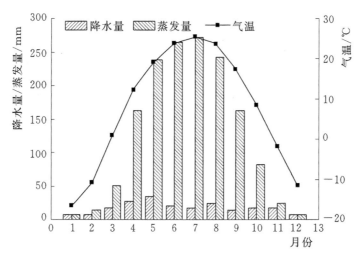

图 5.3 肯斯瓦特水文站多年气温、降雨年内分配过程

模型中融雪径流计算所需的气温资料是在肯斯瓦特水文站和红山嘴水文站实测降水和气温数据基础上。设定不同高程带平均降水量和气温。流域年降水量由北部荒漠区向南部山区带状递增，平均海拔每上升 100m，增加 34mm 降水量，靠近沙漠边缘降水量最少，仅有 117mm，山前石河子市附近年降水 200mm 左右，前山带至中山带 300~430mm。玛纳斯河流域高程见表 5.1。

表 5.1 玛纳斯河流域高程统计表

高程/m	高程带	面积/km²	积 雪 特 征
>3600	第一高程带	1956.27	冰川及永久性积雪
1800~3600	第二高程带	2740.17	片状不连续积雪
<1800	第三高程带	416.17	瞬时斑状不连续积雪

5.2.3 河网和断面输入

玛纳斯河流域山区水系提取是用流域 DEM 在 ArcGIS10.1 水文分析中完成。平原区渠系根据玛纳斯河流域渠系分布图在 Arc-

GIS10.1 中矢量化完成。模型中概化玛纳斯河流域河网，共输入河道数 39 条，总里程数 1935.376km。

玛纳斯河在红山嘴以下进入冲积扇地区，河床渗漏较严重，其渗漏损失约 25％。河床由卵石，砾石和沙子组成，由于河道渗漏量较大，河流两岸地下水较为丰富。

根据水利部门提供数据显示（见表 5.2），玛纳斯河灌区干渠总长 535km，已防渗 440km，防渗率 82.24％；支渠总长 1031km，已防渗 826km，防渗率 80.12％。排水出路多为玛纳斯河古道或沙漠区。

表 5.2　　　　　　　　　　　灌区渠道工程统计　　　　　　　单位：km

灌　区	干渠		支渠		斗渠	
	长度	防渗长度	长度	防渗长度	长度	防渗长度
玛纳斯河灌区	418	340	736	585	2952	1076
金沟河灌区	80	68	41	29	142	32
安集海灌区	31	25	220	189	392	255
宁家河灌区	7	7	35	23	15	15
总计	535	440	1031	826	3501	1379

断面文件的准备过程如下：

（1）将谷歌地球中的线条测量（断面），放入一个断面文件中，右键另存为断面×××.KML。

（2）将断面×××.KML 在 ArcGIS10.1 中，利用工具箱中的 Conversion Tools－From KML－KML to Layer，将生成的 Polylines 右键 Data－Export Data 成 Shapefile。

（3）因为谷歌地球为 GCS_WGS_1984 坐标系，鉴于模型计算单位为 m，在 ArcGIS10.1 工具箱中选用 Data Management Tools－Projections and Transformations－Feature－Project 转成 WGS_1984_UTM_Zone_45N 公里网坐标系。

（4）为了计算每一个断面的里程，批量计算河网（公里网）和断面（公里网）的交点坐标。首先打开要编辑的 Shp. 数据，工具栏中选择 Editor - Start editing，开启编辑状态，在土层上右键选择 Selection - select all，选择图层中的全部要素，然后将界址线文件自动剪断，利用的工具是工具条下的 Planarize Line；最后在线的交点处打断线，点击工具条中的 Planarize lines，默认参数，OK。

（5）利用工具箱中的 Analysis Tools - Overlay - Intersect 工具把线图层输进去，输出为点类型，即 Output Type 设为 POINT。

（6）在 POINT 点文件的属性表中添加 X、Y，数据类型选择 Double，右键 Calculate Geometry 计算 X、Y 坐标。

谷歌地球河道断面形态如图 5.4 所示。

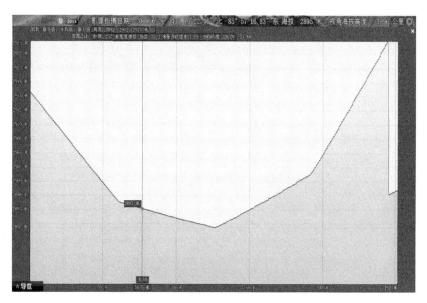

图 5.4　谷歌地球河道断面形态

不同水文地质分带，地表水补给地下水量也不同。在水平径流带和溢出带，通过渠系补给地下水得到有效补给；而在垂向交替带，渠系渗漏补给造成区域潜水位升高，实际蒸发量增加，地下水可利用资源量不仅没有增加反而在减少，而且产生了土壤盐渍化。

干渠有效利用系数平均为 0.77。随着水利化程度的提高和渠系防渗措施的加强，渠系水有效利用系数将逐步提高，相应对地下水的补给量会逐渐减少。模型设置中针对不同的渠道给定不同的渗透系数，模拟计算河道渗透量。玛纳斯河流域河网概化如图 5.5 所示。

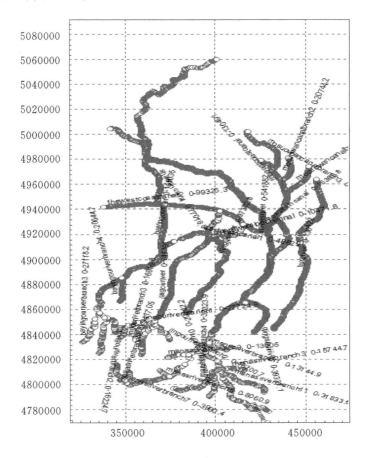

图 5.5　玛纳斯河流域河网概化

5.2.4　初始、边界条件输入

模型初始条件的设定做如下处理，由于模型模拟研究区大部分时间处于枯水位，为防止模拟水位较低而没有模拟结果，模拟的初始水位值设定 0.1m。模型采用的流量数据为肯斯瓦特站实测数据，对实测数据进行整理后由于模型模拟，模型的初始流量设定为

20m³/s。MIKE11 模型的边界条件设定上边界为流量边界，下边界为水位边界，收集相关数据设置模型的边界条件，将玛纳斯河上游肯斯瓦特水文站 2005 年 1 月 1 日至 2015 年 12 月 31 日逐日流量数据作为模型的上边界条件；将红山嘴水文站 2005 年 1 月 1 日至 2015 年 12 月 31 日逐日水位数据作为模型的下边界条件。

5.2.5 模型参数输入

玛纳斯河流域水动力模型参数的选择主要为河床阻力，即曼宁系数。曼宁系数的选择沿河道走向依次率定。设定模拟时间步长为 24h，第一次模拟时初始条件（Initial Conditions）空白，自动率定各项模型参数。模型各项参数全部设置好以后，运行模型。

模型的率定采用 NAM 模型的自动率定功能。MIKE11/HD 水动力模型率定的主要参数是河床糙率。通过对河床糙率的不断更改，直至肯斯瓦特水文站流量的模拟值和实测值达到较好拟合结果为止。以 2005 年 1 月 1 日至 2009 年 12 月 31 日作为模型率定期，2010 年 1 月 1 日至 2015 年 12 月 31 日作为模型验证期。肯斯瓦特水文站参数率定期和模型验证期的模拟径流结果，如图 5.6 所示，研究区各参数见表 5.3。

表 5.3　　　　　　　模 型 参 数 率 定 结 果

参数	描　　述	单位	一般取值范围	初始值	率定参数
U_{max}	地表储水层最大含水量	mm	$10\sim25$	15	15.111
L_{max}	土壤层/根区最大含水量		$50\sim250$	150	180.541
C_{QOF}	坡面流系数		$0\sim1$	0.6	0.601
CK_{IF}	土壤中流排水常数	h	$500\sim1000$	1000	710.250
TOF	坡面流临界值		$0\sim1$	0	0.941
TIF	壤中流临界值		$0\sim1$	0	0.825

续表

参数	描　述	单位	一般取值范围	初始值	率定参数
TG	地下水补给临界值		0～1	0	0.801
CK_{12}	坡面流和壤中流时间常量	h	3～48	10	31.464
CK_{BF}	基流时间常量	h	500～5000	2000	2615.331
n（Manning）	河道糙率		0.02～0.04	0.03	0.035

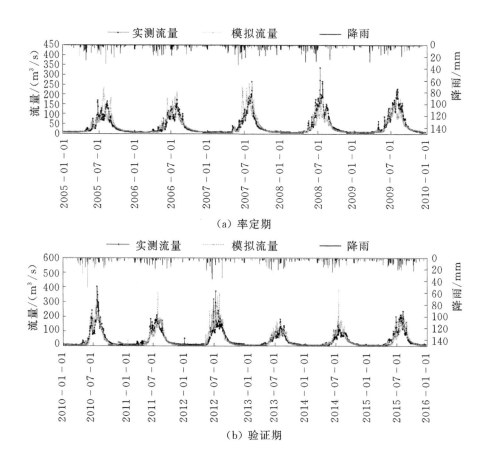

图 5.6 肯斯瓦特水文站率定期（a）和
验证期（b）实测流量和模拟流量过程

5.2.6 模型计算结果及分析

本节建立了玛纳斯河流域肯斯瓦特水文站上游段一维水动力模型 MIKE11/HD 和降雨径流模型 NAM 耦合模型,优化获得地表水供水量与地下水开采量的时空分配数据作为地下水模拟源汇项输入实现数据交互。利用降雨径流模型模拟流域内山区冰川融雪和降雨径流过程。产生的径流作为旁侧入流到 MIKE11/HD 水动力模型的河网中。

肯斯瓦特水文站径流模拟在率定和验证阶段对均较为理想。经过校准和验证,径流模拟状态符合实际径流过程,径流整体稳定性强。从模拟径流和实测径流在径流量上的对比,明显可以看出当径流量较小时模拟效果好于径流量大的时候。最大径流的模拟上实测径流总是大于模拟径流,这个和模型参数设置有直接的关系。由于山区下垫面情况复杂,无法准确地给出水力参数值,概化参数是造成模拟误差的主要原因。

肯斯瓦特水文站率定期和验证期实测流量和模拟流量的线性拟合效果如图 5.7 所示。从图 5.7 中可以看出,率定期间模拟径流和实测径流相关性良好,绝大部分数据点位于 95% 的置信区间内。可以看出当径流量较小时两者相关系较好,随着径流量的增大误差也越来越大。值得肯定的是验证期两者相关关系高达 0.85,显示出了较为理想的模拟精度。率定期的模型 Nash-Sutcliffe 系数 R^2 为 0.66;验证期的模型 Nash-Sutcliffe 系数 R^2 为 0.85。模型模拟效果评价见表 5.4。

表 5.4 模 型 模 拟 效 果 评 价

时期	水文站点	评价标准		回归参数	
		E_{ns}	R^2	斜率	截距
率定期	肯斯瓦特	0.69	0.66	0.75	7.89
验证期	肯斯瓦特	0.76	0.85	0.96	4.45

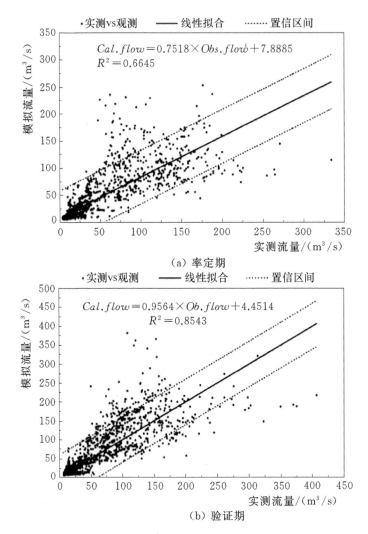

图 5.7　肯斯瓦特水文站率定期（a）和
验证期（b）实测流量和模拟流量线性拟合

5.3　节水条件下玛纳斯河流域地下水数值模拟模型

5.3.1　地下水数值模拟模型

玛纳斯河流域平原绿洲区属于干旱区农业灌区，流域水资源来源于山区的冰川和积雪消融，在气温的驱动下在山区形成径流，在出山口建立了山区水库用以存蓄山区来水；出山口向下游河道经过多年水利工程建设，高标准衬砌渠道取代了原有的自然河道，在渠道上设有引水闸、分水闸等水利设施管理中游用水。自 1999 年大面积推广节水灌溉措施以来，改变了原有的水循环过程，节水条件下流域绿洲区蒸散发和水分入渗参数的设置对于区内地下水的变化有着重要影响[168,208,221]。

本节采用 Visual - MODFLOW4.2 进行玛纳斯河流域地下水数值模拟，求解方法为有限差分法。模型可以划分潜水含水层、弱透水层和承压水含水层。还可以模拟各种外应力，比如抽水井、线状和面状补给、蒸发、渠系、水库和湖泊等对地下水流动态变化的影响。流域地表与地下水转化主要是灌溉蒸发型，规律的灌溉模式使得地下水位变化在一年中周期性的变动。全区地下水垂直补给为降雨入渗补给、灌溉入渗补给和渠道入渗补给。玛纳斯河流域平原区地下水含水层各子系统岩性、富水性和透水特性无明显方向性，故将玛纳斯河流域概化为非均质各项同性三维非稳定流含水系统，建立地下水三维有限差分数值模拟模型[222-224]，表示如下：

$$\frac{\partial}{\partial x}\left[k\,\frac{\partial H}{\partial x}\right]+\frac{\partial}{\partial y}\left[k\,\frac{\partial H}{\partial y}\right]+\frac{\partial}{\partial z}\left[k\,\frac{\partial H}{\partial z}\right]+W=\mu\,\frac{\partial H}{\partial t}(x,y,z)\in D$$

(5.12)

$$H(x,y,z,)|_{t=0}=H_0(x,y,z)\quad(x,y,z)\in D$$

$$H|_{B_1}=H_1(x,y,z,t)\quad(x,y,z)\in B_1,t>0$$

$$k\,\frac{\partial H}{\partial n}\bigg|_{B_2}=q(x,y,z,t)\quad(x,y,z)\in B_2,t>0$$

式中：D 为渗流区域；k 为含水层渗透系数，m/d；H 为地下水水头值，m；W 为源汇项，m/d；μ 为潜水时为含水层给水度，承压水时为含水层储水系数；$H_0(x,y,z)$ 为初始流场水头分布值，m；n 为第二类边界外法线方向；$H_1(x,y,z,t)$ 为第一类边界水头分布值，m；B_1 为第一类边界；$q(x, y, z, t)$ 为第二类边界单宽流量，m^3/d；B_2 为第二类边界[225-226]。

5.3.2　水文地质及含水层概化

5.3.2.1　水文地质矢量化处理

收集玛纳斯河流域内部水文地质勘探资料，对水文地质剖面图在 ArcGIS10.1 中进行矢量化处理，为地下水数值模拟模型提供地质基础数据。如图 5.8 所示，玛纳斯河流域水文地质剖面图分析得出山前洪积扇潜水饱和含水层厚度在 400m 以上，位于玛纳斯河流域平原区南部山前凹陷带，第四系沉积第二期冲积扇，形成一个水量稳定、水质优良的单一结构潜水埋藏区。312 国道以北地下层间隔水层呈现犬牙交错状，为多层结构含水层，上部浅层潜水含水层向北逐渐变薄形成滞水含水层，下部为多层承压水-自流水含水层，在 100～200m 深度内赋存 2～3 个含水层，200m 以下赋存 5 个含水层。石河子市以北第三期冲积扇潜水和承压水埋藏均较丰富。石河子市以南冲积扇边缘地带承压水埋藏较浅，承压水含水层顶板深度为 30～100m。莫索湾-下野地灌区以南承压水埋藏较深，含水层顶板深度为 100～200m。莫索湾-下野地灌区以北冲积平原与沙漠交替地带承压水埋藏很深，含水层顶板深度大于 200m。

5.3.2.2　地下水含水层概化

玛纳斯河流域地下水隔水层并不完整，呈现交错状，加之大量农业灌溉开采井贯穿了其中部分含水层，形成了地下水人工天窗[227]。各地下含水层在纵向上由于层间相互联通存在层间越流，故地下水观测井测量水位是流域多层含水层水位的综合补排的体现。

如图 5.9 所示，本节采用有限差分方法对玛纳斯河流域地下水进行数值离散，在水平方向上将研究区划分为 400 行、410 列

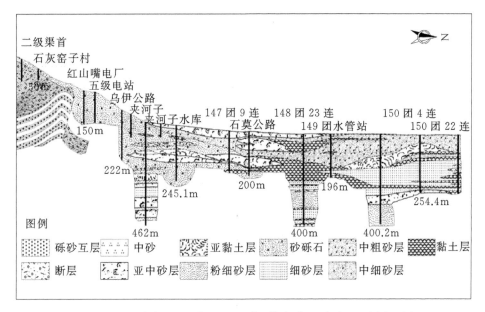

图 5.8 玛纳斯河流域（红山嘴-莫索湾）水文地质剖面图

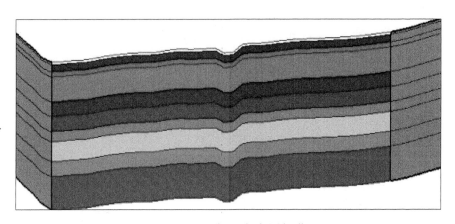

图 5.9 研究区含水层概化

360m×560m 的规则网格，单个网格面积约 0.2km²。依据玛纳斯河流域土地利用条件，分为农灌区和非农灌区两大类。农灌区包括下野地灌区、莫索湾灌区、石河子灌区、安集海灌区以及金沟河灌区；非农灌区主要包括上游山区和下游荒漠区计算单元。垂向上通过对流域水文地质剖面的仔细研究，最终概化为 10 个含水层，在每层平面上划分为不同的参数区域可以解决同一层中土壤类型不同的

117

情况，这样分层可以精确的给定不同含水层的水文地质参数，以
2013 年全年作为模拟期，模拟深度为 300m。

研究模拟期为 2013 年 1—12 月，共 365d，模型以研究区 2013
年 1 月的地下水流场作为模拟期的初始流场，以 2013 年 12 月的地
下水流场作为模拟期末时刻流场，利用模拟期末时刻流场与实际流
场的拟合，验证模型的正确性。

玛纳斯河流域复杂的地形地貌、气候、水文地质条件，决定着
成土过程的强弱，形成不同的土壤类型。自南向北，依次分布着亚
高山草甸土、黑钙土、栗钙土、棕钙土、灰漠土、沼泽土、盐土和
风沙土等，共可分为六个山地土壤类型和八个平原土壤类型。土壤
质地一般较适中，有 83% 的中壤土和轻壤土，有利于作物生长发
育，但在莫索湾灌区和下野地灌区的北部，有大面积的沙性土；在
石河子灌区的石河子乡、莫索湾灌区的湖心地，有一定面积的黏质
土分布；在石河子乡，也有较大面积的沙壤质的白板土分布[228]。
玛纳斯河流域不同含水层土壤类型见表 5.5。

表 5.5　　　　　　　　玛纳斯河流域不同含水层土壤类型

层级	深度/m	土　壤　类　型						
		Ⅰ	Ⅱ	Ⅲ	Ⅳ	Ⅴ	Ⅵ	Ⅶ
第一层	5	砂砾石	亚中砂				黏土	
第二层	15	砂砾石	亚中砂				中粗砂	
第三层	10	砾岩	砂砾石	中粗砂				
第四层	50	砾岩	砂砾石	中粗砂	亚中砂	黏土	中粗砂	
第五层	30	砾岩	砂砾石	亚黏土	砂砾石	中粗砂	亚黏土	黏土
第六层	30	砾岩	砂砾石	亚黏土	亚中砂	黏土	亚黏土	中细砂
第七层	20	砾岩	砂砾石	亚中砂		黏土	细砂	
第八层	40	砾岩	砂砾石	黏土	细砂			
第九层	30	砾砂互层、断层	砂砾石	黏土	黏土			
第十层	70	砾砂互层、断层	砂砾石	粉细砂	亚中砂			

5.3.3　地下水数值模型边界条件设定

对玛纳斯河流域边界细分的主要目的是调节侧向径流强度空间分布，以便提高建立和校正地下水流数值模型的准确性[225,229]。研究区南边为侧向补给边界，北边为侧向排泄边界，可概化为二类流量边界，在模型计算时将其视为常水头边界，采用 GHB 模块进行赋值；东边为塔西河冲洪积扇，西边界处于扇区外沿与相邻扇区分水岭位置，与等水位线垂直，地下水流向概化为二类隔水边界或零流量边界，在模型中选用 wall 模块进行赋值。地下水模拟下边界为承压含水层底部，概化为隔水边界。玛纳斯河流域垦区如图 5.10 所示。

相比较于传统模型建立，玛纳斯河流域 20 世纪 90 年代后期节水技术开始得以推广，棉田滴灌可以节约 40% 左右的水。从 1980年到 2010 年灌溉水利用系数都在提高，1980 年沟灌时期，灌溉水利用系数只有 0.38，2000 年沟灌和滴灌混合时期为 0.57，1980—2000 年灌溉水利用系数提高 50%。因膜下滴灌技术采用管道化输水，减少了灌溉深层渗漏和大量棵间蒸发，节水增产效果明显[208,230]。膜下滴灌条件下，土壤含水量的垂向分布特征要受到降水补给、作物散发、地膜对土壤蒸发的控制及膜下土壤水分循环等条件的影响。Visual MODFLOW 模型中边界条件设置，考虑节水措施的影响。流域平原区虽大部分区域为农灌区，但也有少部分地区是非农灌区，两者边界条件设置有所区别。在农灌区依据灌区灌水制度和种植作物类型设置不同的表层补给水量和补给时间；非农灌区依照就近气象站资料只补给降水和蒸发边界条件。研究区边界条件如图 5.11 所示。

玛纳斯河流域平原区垂直边界主要为垂向补给和垂向排泄。垂向补给主要有降雨入渗补给、渠系渗漏补给和田间灌溉入渗补给。

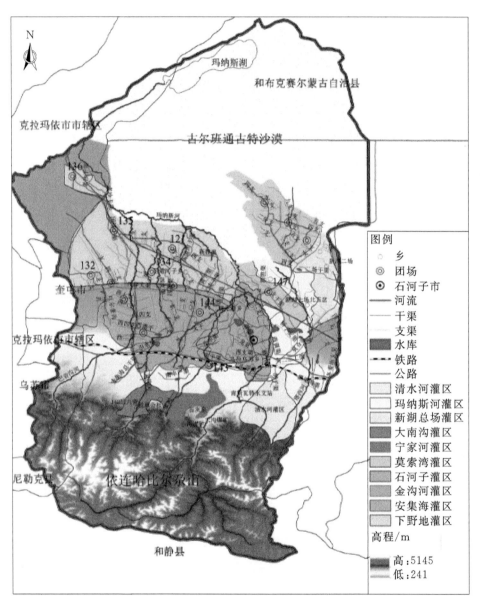

图 5.10　玛纳斯河流域垦区图

将垂直方向的补给量同期叠加，整理为 Visual MODFLOW 模型的输入形式输入模型。现状年各灌区灌溉面积见表 5.6。

图 5.11 研究区边界条件图

表 5.6　　　　　　　　现状年各灌区灌溉面积表　　　　　　　单位：万亩

作物种类	小麦	棉花	玉米	果林	牧草	其他粮食作物	其他经济作物
玛纳斯河灌区	38.26	101.28	10.39	27.49	18.39	0.39	13.4
金沟河灌区	5.73	17.57	1.22	2.55	2.65	0	1.35
安集海灌区	6.21	21.02	1.96	2.68	3.68	0.09	2.97
宁家河灌区	0.6	0	0.68	0.28	0.28	0	0.88
小计	50.8	139.9	14.25	33	25	0.48	18.6

　　灌区蒸发过程的模拟主要考虑膜下滴灌铺设后田间膜下滴灌通过覆膜可以减少土壤水损失 31.8%，滴灌对土壤水分入渗影响在 0.7m 以内，对地下水补给可以忽略不计。根据前期分析研究结论，选用研究区的截至深度为 5~6m。

根据前期流域蒸散发分析得到节水技术推广后的 15 年期间，玛纳斯河流域实际蒸散发（ET_a）和潜在蒸散发（ET_p）均处于波动变化状态。年均实际蒸散发波动幅度为 222.2～294.8mm，年均潜在蒸散发波动幅度为 1582.4～1780.3mm。节水条件下流域年均实际蒸散发最小值出现在 2008 年，为 222.2mm；同年也是年均潜在蒸散发最大值年份，高达 1780.3mm。2013 年是节水条件下流域年均实际蒸散发最大值年份，为 294.2mm；而年均潜在蒸散发（ET_p）最小值年份为 2003 年，为 1582.4mm。节水条件下流域近 15 年间实际蒸散发极值差为 72.6mm，潜在蒸散发极值差为 197.9mm。模拟时间为 2013 年全年，在模型中依据蒸散发分布图确定区域蒸发强度用于模型蒸散发量计算。玛纳斯河流域模拟时期内蒸发强度变化如图 5.12 所示，源汇项赋值方式见表 5.7。

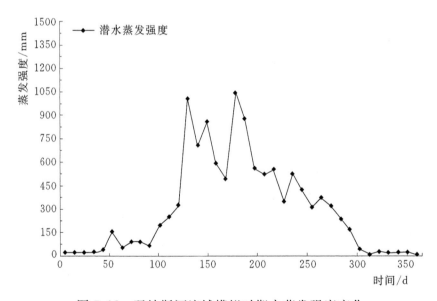

图 5.12　玛纳斯河流域模拟时期内蒸发强度变化

5.3.4　抽水井及观测井的设定

现状年流域农用机井共计 1691 眼，机井控制灌溉面积 61.30 万

表 5.7 源 汇 项 赋 值 方 式

源汇项	补给项	侧向补给
		田间灌溉入渗、降水入渗、渠系渗漏
	排泄项	开采井
		侧向排泄
		蒸散发

亩。模型中将位置相近的若干小开采量的抽水井概化成一个大开采量的抽水井。各灌区全年抽水量和抽水井数量分配在各灌区内部，抽水时长和各时段抽水量均按灌区灌溉制度表确定。玛纳斯河流域抽水井情况见表5.8。

表 5.8 玛纳斯河流域抽水井统计

灌区	团场	控制面积/km²	实际井数	井数	抽水速率/(m³/d)
下野地	121团	456	241	73	5840
	122团	299.04	24	7	5840
	132团	463.2	69	26	5840
	133团	281.53	64	5	5840
	134团	222.81	32	5	5840
	135团	355.73	145	40	5840
	136团	355.73	191	47	5840
金安	141团	207.95	95	14	5840
	142团	701.65	459	208	5840
	143团	378.72	217	110	5840
	144团	322.26	309	43	5840
莫索湾	147团	225	256	86	5840
	148团	309	278	62	5840
	149团	342	264	75	5840
	150团	451	392	122	5840
石河子	石河子市	76	167	149	5840
	石总场	373	433	223	5840
	152团	42	29	3	5840
	石河子乡	176.85	58	6	5840

平原区地下水位数据来源于潜水长观井观测数据，地下水位监

测采用 ZKGD-3000 型水位、水温观测仪自动监测地下水水位,探头埋深分布在 8~215m。对地下水位数据进行一致性、可靠性和代表性检验,剔除地下水位异常值,选用有代表性的 51 眼观测井作为此次地下水数值模拟的观测井数据,选择观测井时考虑了各种因素,包括观测井所在研究区位置的代表性、仪器状态和数据收集的完整性等方面,具体位置如图 5.13 所示。

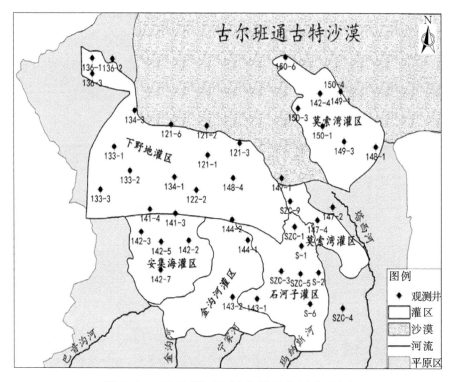

图 5.13　玛纳斯河流域观测井位置分布图

5.3.5　模型率定与验证

Visual MODFLOW 依据有限差分原理,依据概化含水层系统以及调参后的区域水文地质参数自动在应力期内逐日计算水均衡,结果可靠。根据研究区补给和排泄条件,建立地下水均衡方程:

$$P_{降水} + Q_{灌溉} + Q_{侧入} - Q_{侧出} - E_{蒸发} - Q_{开采} \pm D = 0 \quad (5.13)$$

式中：$P_{降水}$ 为流域降水量，m³；$Q_{灌溉}$ 为流域灌溉水量，m³；$Q_{侧入}$ 为侧向补给量，m³；$Q_{侧出}$ 为侧向排泄水量，m³；$E_{蒸发}$ 为地下水蒸发量，m³；$Q_{开采}$ 为抽水量，m³；D 为储水量变化量，m³。

依据研究区水文地质剖面和含水层概化情况，将各层含水层表面划分为不同的土壤类型区域，根据节水灌溉条件下滴灌水量补给特点，针对不同土壤类型渗透系数经验值和不同土壤类型给水度经验值划分给定了模型的初始参数。

Visual MODFLOW 具有嵌入的属性数据输出向导，用从离散数据点输入和内插模型特性数值（传导系数、初始水位），利用插值方法 Natural Neighbors 插值初始水头。其他参数选用软件的默认数值，调参时运用模型参数识别模块和手动调参结合确定。模型运行之解算器选用 Visual MODFLOW 中的 WHS 解算器求解模型。

以 2013 年年初的地下水潜水流场作为模拟初始流场，2013 年全年 12 个月 51 眼长期观测井的潜水水位作为参数率定的依据。根据玛纳斯河灌区不同灌水条件下的农业生产活动，选取石河子灌区 S-6 号、莫索湾灌区 150-1 号、下野地灌区 121-1 号、金安灌区 142-7 号进行流域地下水位模拟实测水位和模拟水位拟合效果分析。

图 5.14 为各灌区典型观测井实际观测水位和模型计算水位拟合效果图。石河子灌区、莫索湾灌区、下野地灌区、金安灌区地下水数值模拟相关系数分别为 0.993、0.849、0.818 和 0.97，可以看出，地下实测水位和模拟计算水位总体趋势接近，在模拟期内地下水埋深从起点逐渐恢复至终点。

玛纳斯河灌区地下水水位动态变化主要是由含水层水量变化引起的水位变化，受抽水井的影响显著。由于抽水井全部都为潜水井，故地下水水位变化主要发生在浅层含水层，由模拟结果也可以看出地下水水位动态变化趋势跟灌区农业生产用水较为接近。玛纳斯河流域不同土壤类型水文地质参数见表 5.9。

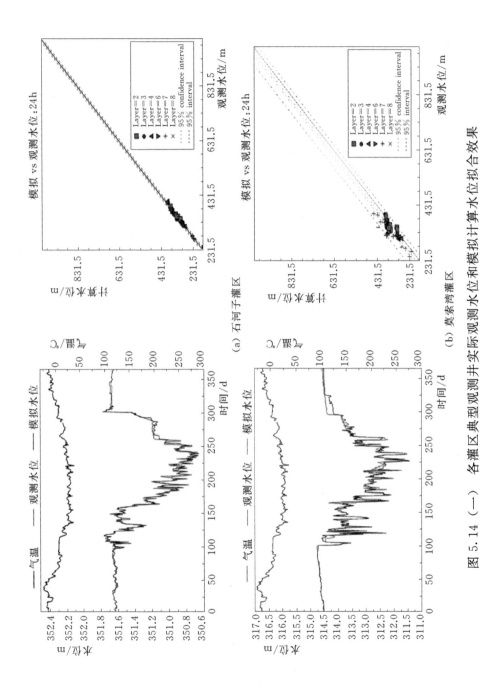

图 5.14 (一) 各灌区典型观测井实际观测水位和模拟计算水位拟合效果

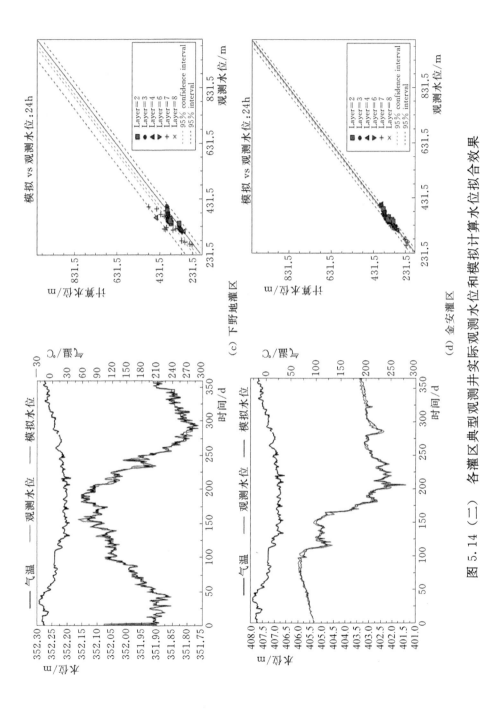

(c) 下野地灌区

(d) 金安灌区

图 5.14 （二）　各灌区典型观测井实际观测水位和模拟计算水位拟合效果

表 5.9　　　玛纳斯河流域不同土壤类型水文地质参数表

土壤类型	渗透系数/(m/s)	给水度 S_y	贮水率/($\times 10^{-5}$ L/m)
砂砾石	8.68×10^{-4}	0.1	1.00×10^{-5}
亚中砂	4.05×10^{-4}	0.06	1.00×10^{-5}
黏土	5.79×10^{-7}	0.3	1.00×10^{-5}
中粗砂	5.21×10^{-4}	0.15	1.00×10^{-5}
亚黏土	2.31×10^{-6}	0.3	1.00×10^{-5}
中细砂	3.47×10^{-4}	0.12	1.00×10^{-5}
细砂	2.31×10^{-4}	0.11	1.00×10^{-5}
砾砂互层	8.68×10^{-4}	0.1	1.00×10^{-5}
粉细砂	5.79×10^{-4}	0.07	1.00×10^{-5}

5.4　不同节水条件下玛纳斯河流域地下水数值模拟

5.4.1　方案设计

玛纳斯河流域平原区农业灌区农业用水分时段、分区域采用漫灌和滴灌。作物生长期采用滴灌技术，每年开春进行滴管带的铺设工作，秋收后滴管带被收回。作物非生长期采用漫灌的灌水方式。所以节水条件下的玛纳斯河流域水循环模拟在时间尺度上设定为生长期和非生长期两个时段。空间尺度上将流域为山区、平原区和荒漠区三部分，在平原区进一步进行空间离散，分不同灌区按照灌水制度进行模拟。

根据玛纳斯河流域节水规划指标设定三种灌溉方案进行玛纳斯河流域地下水数值模拟，分析传统灌溉模式、常规节水灌溉模式和高效节水灌溉模式下流域地下水水位变化。具体方案设定如下：

方案一，传统灌溉模式。为了分析膜下滴灌技术对于流域地下水的影响，设置节水技术实施前流域漫灌方式，依据流域漫灌土地灌水定额设置为 450m³/亩，地下水抽取量为 5.28 亿 m³。

方案二，常规节水灌溉模式。根据流域灌水制度确定现状灌水条件下，膜下滴灌的灌水定额为 350m³/亩，滴灌时段为 4—10 月，地下水抽取量为 3.58 亿 m³。

方案三，强化节水灌溉模式。随着流域节水灌溉技术发展，进一步强化农业节水灌溉水平，灌水定额为 300m³/亩，灌水时段为 4—10 月，地下水抽取量为 1.88 亿 m³。

5.4.2 传统灌溉模式下玛纳斯河流域地下水数值模拟

节水技术推广前传统灌溉模式下流域地下水数值模拟方案，灌水定额设置为 450m³/亩，灌水时间段为全年。

（1）传统灌溉模式下模型参数设置。在灌溉水来源上主要是地表水引用和地下水抽取，传统灌溉方案下地下水抽取量为 5.28 亿 m³。因为没有地膜覆盖，所以地表温度有所下降，增加作物棵间蒸发，地表水垂向补给量增加。灌区传统灌溉模式一般是采用沟灌、漫灌。针对沟灌、漫灌方式水分在土壤中的渗透量要大于现状灌溉模式下的渗透量，为此模型在第一层含水层设置较大的渗透系数，用来逼真刻画实际情况。传统灌溉方案灌区灌溉水利用系数见表5.10；传统灌溉方案下垂向补给边界补给量统计见表 5.11。

表 5.10　　　　　　传统灌溉方案灌区灌溉水利用系数

项目	石河子灌区	下野地灌区	莫索湾灌区	金沟河灌区	宁家河灌区	安集海灌区
斗渠	0.95	0.93	0.93	0.93	0.94	0.93
支渠	0.95	0.93	0.93	0.92	0.95	0.92
干渠	0.95	0.94	0.94	0.92	0.92	0.88
总干渠	0.92	0.9	0.92	0.9	0.9	0.92
渠系水利用系数	0.75	0.64	0.65	0.67	0.85	0.65
灌溉水利用系数	0.64	0.54	0.56	0.57	0.72	0.55

表 5.11　　　　传统灌溉方案下垂向补给边界补给量统计

灌区	团场	地下水/万 m³	地表水/万 m³	垂向补给/mm	控制面积/亿 m²	补给深度/(mm/a)
石河子	石总场	10230	13588	197.9	3.6	1013.26
	石河子乡	293	5242			
下野地	121 团	3331.8	8078	127.8	7.3	800.87
	122 团	305.94	6420			
	132 团	1193.4	6975			
	133 团	233.46	5652			
	134 团	238.68	5424			
	135 团	1847.88	3920			
	136 团	2148.12	3366			
莫索湾	147 团	3925	6434	132.7	5.8	979.22
	148 团	2862	10175			
	149 团	3443	7808			
	150 团	5587	8864			
金安	144 团	1977	8182	211	1.9	2032.947
	143 团	5050	19408			
	141 团	624	5507	122.8	4.1	716.48
	142 团	9530	8680			

（2）传统灌溉模式下模型模拟结果分析。传统灌溉方式下地下水均衡计算得出，由于采用沟灌、漫灌的灌溉模式，水分垂直入渗的补给量较大。地下水补给总量为 47.04 亿 m³，排泄总量为 47.17 亿 m³，总体来看地下水水均衡处于均衡状态，补排差约为 −0.13 亿 m³。

补给水量中降水补给水量 19.81 亿 m³，地表径流补给水量 12.8 亿 m³，不饱和含水层补给水量 11.56 亿 m³，饱和含水层补给水量 2.87 亿 m³；排泄水量中蒸散发量 21.24 亿 m³，地表水排泄量 2.79 亿 m³，不饱和含水层排泄水量 14.27 亿 m³，饱和含水层排泄水量 3.59 亿 m³，地下水抽水量 5.28 亿 m³。传统灌溉方案下研究区水均衡见表 5.12。

表 5.12　　　　　传统灌溉方案下研究区水均衡

均　衡　项		贡献量/亿 m³	总量/亿 m³	百分比/%
补给项	降水	19.81	47.04	42.11
	南边界地表径流流入	12.8		27.21
	南边界不饱和含水层流入	11.56		24.57
	南边界饱和含水层流入	2.87		6.11
排泄项	蒸散发	−21.24	47.17	45.04
	北边界地表径流流出	−2.79		5.91
	北边界不饱和含水层流出	−14.27		30.25
	北边界饱和含水层流出	−3.59		7.61
	抽水量	−5.28		11.19
水均衡	补排差	−0.13		

依据模拟结果统计分析了研究区年内地下水水位降深，见表 5.13。从表 5.13 中可以看出，研究区水位埋深较深的为石河子灌区和金安灌区。莫索湾灌区地下潜水埋深最大为 33.15m，灌水应力期内最大降深达 16.94m，降深速率为 0.073m/d；下野地灌区地下潜水埋深最大为 56.58m，灌水应力期内最大降深达 18.88m，降深速率为 0.107m/d；金安灌区地下潜水埋深最大为 116.23m，灌水应力期内最大降深达 19.87m，降深速率为 0.087m/d；石河子灌区地下潜水埋深最大为 116.26m，灌水应力期内最大降深达 19.96m，降深速率为 0.113m/d。

石河子灌区降深速率最大，数值为 0.113m/d，其次是下野地灌区，数值为 0.107m/d，金安灌区地下水降深速率为 0.087m/d，莫索湾灌区地下水降深速率为 0.073 m/d。传统灌溉模式下研究区地下水流场如图 5.15 所示。

表 5.13　　　　　　　　传统灌溉方案下灌区水位降深

灌区	地下水埋深/m	最大降深/m	降深速率/(m/d)	时间间隔/d	抽水量/(10⁴m³)
莫索湾	3.34~33.15	16.94	0.073	232	5646.4
下野地	3.02~56.58	18.88	0.107	177	3319.8
金安	3.17~116.23	19.87	0.087	228	6133.26
石河子	2.31~116.26	19.96	0.113	177	3756.7

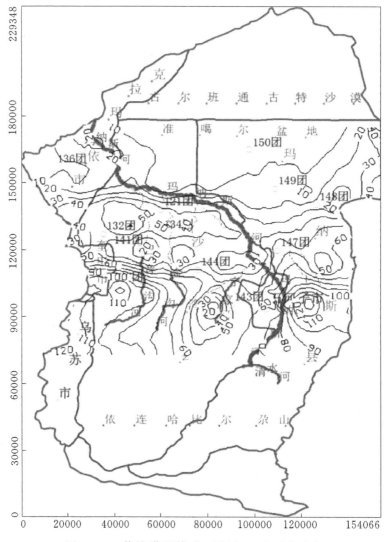

图 5.15　传统灌溉模式下研究区地下水流场

5.4.3 常规节水灌溉模式下玛纳斯河流域地下水数值模拟

5.4.3.1 常规节水灌溉模式下模型参数设置

分析比较不同水文参数条件下玛纳斯河流域地下水流场与初始流场的拟合效果，使两者相关系数达到最优、降速场及梯度场效果合理以及地下水均衡量与实际计算值在误差范围内。以流域地下水水均衡量计算结果的各个分项补给、排泄、径流项各量作为模型参数校正的检验标准。根据模型构建阶段依据山前冲洪积扇平原土壤及岩石特性，率定后确定渗透系数、潜水给水度及承压水贮水率。常规节水灌溉模式下灌区灌溉水利用系数见表 5.14。

表 5.14　　常规节水灌溉模式下灌区灌溉水利用系数

项　　目	石河子灌区	莫索湾灌区	下野地灌区	金沟河灌区	宁家河灌区	安集海灌区
斗渠	0.95	0.94	0.94	0.93	0.94	0.94
支渠	0.95	0.93	0.93	0.92	0.95	0.92
干渠	0.95	0.94	0.94	0.92	0.92	0.88
总干渠	0.92	0.92	0.9	0.9	0.9	0.92
渠系水利用系数	0.76	0.66	0.65	0.68	0.85	0.67
灌溉水利用系数	0.76	0.68	0.67	0.7	0.87	0.69

综合渠系渗漏、地下水抽取、灌区灌溉等水量计算，按照不同灌区灌溉制度分时段设定垂向补给边界条件。常规节水灌溉模式下垂向补给边界补给量见表 5.15。

表 5.15　　常规节水灌溉模式下垂向补给边界补给量

灌区	团场	地下水/万 m³	地表水/万 m³	垂向补给/mm	控制面积/亿 m²	补给深度/(mm/a)
石河子	石总场	6956.4	10569	197.9	3.6	806
	石河子乡	199.2	4165			

续表

灌区	团场	地下水 /万 m³	地表水 /万 m³	垂向补给 /mm	控制面积 /亿 m²	补给深度 /(mm/a)
下野地	121 团	2265.6	6418	127.8	7.3	641
	122 团	208	4993			
	132 团	811.5	5425			
	133 团	158.8	4396			
	134 团	162.3	4219			
	135 团	1256.6	3049			
	136 团	1460.7	2618			
莫索湾	147 团	2669	5004	132.7	5.8	764
	148 团	1946	7912			
	149 团	2341	6073			
	150 团	3799	6894			
金安	144 团	1344.4	6364	211	1.9	1590
	143 团	3434	15096			
	141 团	424	4283	122.8	4.1	450
	142 团	6480	6751			

5.4.3.2 模型模拟结果分析

由水均衡计算得出，玛纳斯河流域总补给水量约 44.94 亿 m³，降雨补给 19.81 亿 m³，地表径流 11.1 亿 m³，不饱和含水层补给水量约 10.84 亿 m³，饱和含水层补给水量约 3.19 亿 m³；总排泄水量 46.97 亿 m³，蒸散发量 23.49 亿 m³，地表水排泄量约 3.73 亿 m³，不饱和含水层排泄水量约 12.41 亿 m³，饱和含水层排泄水量约 3.76 亿 m³，地下水抽水量约 3.58 亿 m³；水均衡状态处于负均衡状态，补排差约 −2.03 亿 m³。常规节水灌溉方案下研究区水均衡见表 5.16。

表 5.16　　　　　常规节水灌溉方案下研究区水均衡

均　衡　项		贡献量/亿 m³	总量/亿 m³	百分比/%
补给项	降水	19.81	44.94	44.08
	南边界地表径流流入	11.1		24.70
	南边界不饱和含水层流入	10.84		24.12
	南边界饱和含水层流入	3.19		7.10
排泄项	蒸散发	−23.49	46.97	50.01
	北边界地表径流流出	−3.73		7.94
	北边界不饱和含水层流出	−12.41		26.42
	北边界饱和含水层流出	−3.76		8.01
	抽水量	−3.58		7.62
水均衡	补排差	−2.03		

依据模拟结果统计分析了研究区年内地下水水位降深，见表5.17。从表5.17中可以看出，研究区水位埋深较深的是石河子灌区和金安灌区。莫索湾灌区地下潜水最大埋深为36.42m，灌水应力期内最大降深达17.52m，降深速率为0.08m/d；下野地灌区地下潜水最大埋深为58.12m，灌水应力期内最大降深达18.34m，降深速率为0.10m/d；金安灌区地下潜水最大埋深为118.71m，灌水应力期内最大降深达21.69m，降深速率为0.095m/d；石河子灌区地下潜水最大埋深为117.45m，灌水应力期内最大降深达20.86m，降深速率为0.12m/d。

表 5.17　　　　　常规节水方案下灌区水位降深

灌区	地下水埋深/m	最大降深/m	降深速率/(m/d)	时间间隔/d	抽水量/万 m³
莫索湾	3.34~36.42	17.52	0.08	232	10755
下野地	3.02~58.12	18.34	0.10	177	6323.5
金安	3.17~118.71	21.69	0.095	228	11682.4
石河子	2.31~117.45	20.86	0.12	177	7155.6

从地下水降深速率来看，石河子灌区降深速率最大，数值为

0.12m/d，其次是下野地灌区，数值为 0.10m/d，下野地灌区面积是四个灌区中最大的，灌区与北部古尔班通古特沙漠边界线长，地下水直接排泄进入沙漠，同时得不到及时有效的补给，降深速率极快；根据流域水文地质剖面图，在下野地灌区垂向含水层上横向贯穿着不同深度的黏土层，阻断了地下水的垂向补给，这综合导致了下野地灌区地下水埋深逐年增大，降深速率加快。常规节水灌溉模式下研究区地下水流场见图5.16。

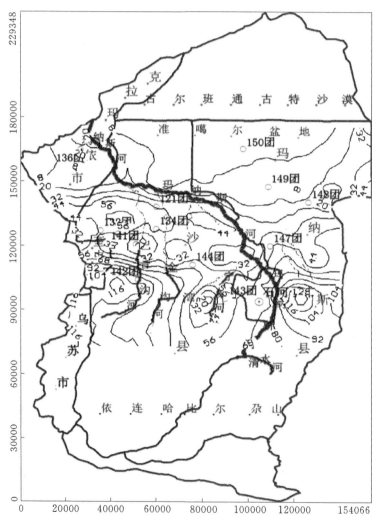

图 5.16　常规节水灌溉模式下研究区地下水流场

5.4.4 强化节水灌溉模式下玛纳斯河流域地下水数值模拟

5.4.4.1 强化节水灌溉模式下模型参数设置

强化节水灌溉模式，假定随着节水灌溉技术发展，农业节水灌溉水平进一步提高，单位农业需水量低于现状灌溉模式，灌水定额设置为300m³/亩，灌水时段为4—10月。强化节水灌溉方案下灌区灌溉水利用系数及研究区垂向补给量见表5.18和表5.19。

表 5.18 强化节水灌溉方案下灌区灌溉水利用系数

项　　目	莫索湾灌区	石河子灌区	下野地灌区	金沟河灌区	宁家河灌区	安集海灌区
斗渠	0.94	0.95	0.94	0.94	0.95	0.94
支渠	0.94	0.95	0.94	0.94	0.95	0.95
干渠	0.94	0.95	0.95	0.93	0.93	0.90
总干渠	0.94	0.95	0.91	0.9	0.9	0.92
渠系水利用系数	0.7	0.75	0.66	0.75	0.85	0.7
灌溉水利用系数	0.75	0.76	0.75	0.75	0.87	0.75

表 5.19 强化节水灌溉方案下研究区垂向补给量

灌区	团场	地下水/万 m³	地表水/万 m³	垂向补给/mm	控制面积/亿 m²	补给深度/(mm/a)
石河子	石总场	3652.11	10569	197.9	3.6	712
	石河子乡	104.58	4165			
下野地	121 团	1189.44	6418	127.8	7.3	600
	122 团	109.2	4993			
	132 团	426.04	5425			
	133 团	83.37	4396			
	134 团	85.21	4219			
	135 团	659.72	3049			
	136 团	766.87	2618			

续表

灌区	团场	地下水/万 m³	地表水/万 m³	垂向补给/mm	控制面积/亿 m²	补给深度/(mm/a)
莫索湾	147 团	1401.23	5004	132.7	5.8	676
	148 团	1021.65	7912			
	149 团	1229.03	6073			
	150 团	1994.48	6894			
金安	144 团	705.81	6364	211	1.9	1470
	143 团	1802.85	15096			
	141 团	222.6	4283	122.8	4.1	480
	142 团	3402	6751			

5.4.4.2　强化节水灌溉模式下模型模拟结果分析

由水均衡分析中可以看出，强化节水灌溉方案下，地下水补给水总量为 44.07 亿 m³，排泄总量为 46.17 亿 m³，总体水均衡虽然仍处于负均衡状态，补排差约为 −2.1 亿 m³。补给水量中全年降雨量约 19.81 亿 m³，在模型设置中没有改变，地表径流 11.1 亿 m³，不饱和含水层补给水量约 10.60 亿 m³，饱和含水层补给水量约 2.56 亿 m³；总排泄水量中蒸散发量 23.81 亿 m³，地表水排泄量约 3.73 亿 m³，不饱和含水层排泄水量约 12.63 亿 m³，饱和含水层排泄水量约 4.12 亿 m³，地下水抽水量约 1.88 亿 m³。强化节水灌溉模式下研究区水均衡见表 5.20。

依据模拟结果统计分析了研究区年内地下水水位降深，见表 5.21。从表 5.21 中可以看出，研究区水位埋深较深的是石河子灌区和金安灌区。莫索湾灌区地下潜水最大埋深为 37.88m，灌水应力期内最大降深达 19.64m，降深速率为 0.081m/d；下野地灌区地下潜水最大埋深为 60.37m，灌水应力期内最大降深达 20.13m，降深速率为 0.114m/d；金安灌区地下潜水最大埋深为 120.81m，灌水应力期内最大降深达 22.78m，降深速率为 0.10m/d；石河子灌区

表 5.20 强化节水灌溉模式下研究区水均衡

均 衡 项		贡献量 /亿 m³	总量 /亿 m³	百分比/%
补给项	降水	19.81	44.07	44.08
	南边界地表径流流入	11.1		24.70
	南边界不饱和含水层流入	10.60		24.12
	南边界饱和含水层流入	2.56		7.10
排泄项	蒸散发	−23.81	46.17	51.57
	北边界地表径流流出	−3.73		8.08
	北边界不饱和含水层流出	−12.63		27.36
	北边界饱和含水层流出	−4.12		8.92
	抽水量	−1.88		4.07
水均衡	补排差	−2.1		

地下潜水最大埋深为 121.96m，灌水应力期内最大降深达 23.10m，降深速率为 0.131m/d。强化节水灌溉模式下研究区地下水流场如图 5.17 所示。

表 5.21 强化节水灌溉模式下各灌区水位降深

灌区	地下水埋深/m	最大降深/m	降深速率/(m/d)	时间间隔/d	抽水量/万 m³
莫索湾	3.34～37.88	19.64	0.081	232	15862
下野地	3.02～60.37	20.13	0.114	177	9299
金安	3.17～120.81	22.78	0.10	228	17231
石河子	2.31～121.96	23.10	0.131	177	10554

5.4.5 不同节水条件下玛纳斯河流域地下水数值模拟结果分析

5.4.5.1 不同灌溉方案下流域地下水水量均衡分析

玛纳斯河流域灌区地下水埋深动态主要是人类活动导致的，其中农业灌溉期大量开采地下水作为地表水补充水源使得区域地下水位下降，同时，引取地表水灌溉会通过入渗过程使得区域地下水受

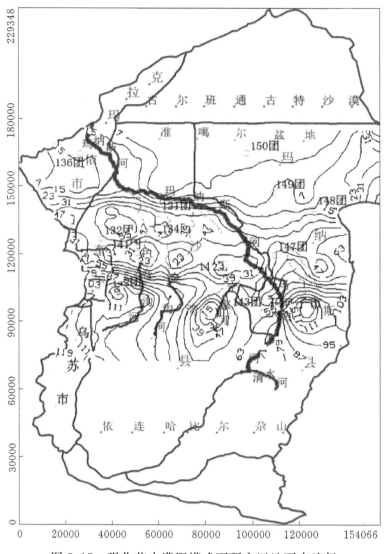

图 5.17 强化节水灌溉模式下研究区地下水流场

到一定的补给，导致地下水位有所回升。区域地下水受到这两种不同灌溉方式的影响，地下水补给与排泄在灌溉周期中相互交替[231]。

（1）地下水补给量分析。方案二（常规节水灌溉模式）在方案一（传统灌溉模式）的基础上灌溉补给量减少，灌溉定额在方案一450m³/亩的基础上减少至 350m³/亩。从水均衡分析中可以看出，方案二（常规节水模式）研究区补给水量为 44.94 亿 m³，方案一（传统灌溉模式）补给水量 47.04 亿 m³，地下水补给水量减少 2.1 亿 m³。从补给项分配来看，方案二（常规节水灌溉模式）较方案一（传统灌溉模式）不饱和含水层补给量减少了 0.72 亿 m³，饱和含水层增加 0.32 亿 m³。

方案三（强化节水灌溉模式）灌水定额在方案二（常规节水灌溉模式）基础上减少至 300m³/亩。渠系水利用系数和灌溉水利用系数全面提高，有效灌溉水量增加。从水均衡分析中可以看出，高效节水灌溉方案下地下水补给水量为 44.07 亿 m³，较常规节水灌溉模式地下水补给量减少 0.87 亿 m³。主要是由于强化节水灌溉灌水定额的减少，导致总补给水量减少。灌溉水利用系数增加比较导致地下水直接补给水量的减少。从补给项分配来看，在降水和地表径流不变的情况下，强化节水灌溉模式较常规节水灌溉模式下不饱和含水层和饱和含水层补给量分别减少了 0.24 亿 m³ 和 0.63 亿 m³。

（2）地下水排泄量分析。方案二（常规节水灌溉模式）研究区地下水排泄总量为 46.97 亿 m³，方案一（传统灌溉模式）地下水排泄总量为 47.17 亿 m³，常规节水灌溉比传统灌溉方式下地下水排泄量减少 0.20 亿 m³。从对地下水排泄量影响最大的蒸散发量来看，常规节水模式下全年蒸散发量 23.49 亿 m³，比传统灌溉模式下蒸散发量增加 2.25 亿 m³。从侧向排泄量来看，常规灌溉模式较传统灌溉模式下不饱和含水层排泄水量减少 1.86 亿 m³，饱和含水层排泄水量增加 0.17 亿 m³。

方案三（强化节水灌溉模式）地下水排泄总量为 46.17 亿 m³，较方案二（常规节水灌溉模式）下地下水补给总量减少 0.80 亿 m³。方案三（强化节水灌溉模式）全年蒸散发量 23.81 亿 m³，方案二（常规节水灌溉模式）全年蒸发量 23.49 亿 m³，强化节水灌溉模式较常规节水灌溉模式下蒸发量增加 0.32 亿 m³。从侧向排泄量上来分析，方案三（强化节水灌溉模式）不饱和含水层和饱和含水层侧向排泄量分别为 12.63 亿 m³ 和 4.12 亿 m³，不饱和含水层和饱和含水层较方案二（常规节水灌溉模式）分别增加 0.22 亿 m³ 和 0.36 亿 m³。

（3）地下水水均衡程度。如图 5.18 和图 5.19 所示，由于蒸散发量和地下水抽水量的影响，方案二（常规节水灌溉模式）较方案一（传统灌溉模式）地下水补排负均衡程度增加 1.9 亿 m³。方案三（强化节水灌溉模式）较方案二（常规节水灌溉模式）地下水补排负均衡程度增加 0.07 亿 m³。说明节水程度越高，地下水负均衡程度越大。

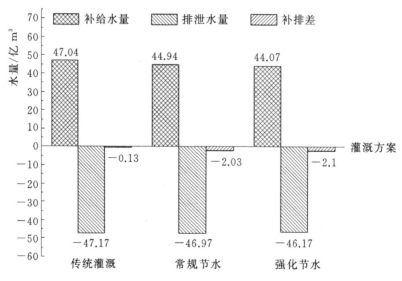

图 5.18　不同灌溉方案水量均衡对比分析

5.4.5.2　不同灌溉方案下流域地下水位分析

玛纳斯河流域地下水水位动态变化主要是由于地下含水层水量变化引起的水位变化，主要影响因素包括地下水补给项（侧向补给、降水入渗、渠系入渗、灌溉入渗等）和地下水排泄量（蒸发、人工开采、侧向排泄等）[232]。这些影响因素主要通过与浅层含水层发生作用参与流域水循环过程，同时潜水水位的宏观动态变化是浅层含水层对外界条件的响应的体现，其决定性外界条件包括流域空间上地

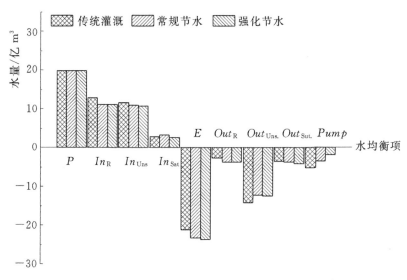

图 5.19 不同灌溉方案下水均衡项贡献量比较

形地貌、岩性、地下水埋深、含水层的水文地质条件等[226,233]。

在时间变化上，玛纳斯河流域春灌前石河子灌区、莫索湾灌区、下野地灌区和金安灌区地下水埋深较小。分析原因主要是由于在 1—4 月灌区未进行大面积灌溉，农用机井处于暂时停抽状态，地下水水流稳定，受人为干扰因素较小，且这个时期研究区处于冬季，气温一般在 0℃以下，蒸发强度微弱，流域地下水受到侧向和垂直融雪补给水位缓慢上升。灌区作物生长阶段，地下水位下降幅度较大，其中莫索湾灌区和石河子灌区地下水埋深增加均超过了 10m，金沟河灌区和安集海灌区地下水埋深增加均超过了 5m。分析原因主要是由于 4 月农业生产活动开始，农用机井开始抽水，地下水水位迅速下降，一直到 8 月地下水水位埋深达到最大值。10 月之后地下水水位缓慢回升。因此，玛纳斯河流域地下水埋深年内动态变化受农业灌溉过程影响显著[224]。

在空间变化上，山前城镇附近工农业用水集中，地下水埋深较大。该区地下水位呈现缓慢持续下降的趋势，受降水影响不明显，即使在夏季降水量大的季节水位也没有回升，每年只有在用水量少

143

的1—2月埋深较小。山前至平原区的过渡带含水层渗透性好，地下水埋深受到山前含水层侧向补给作用，地下水埋深波动性大，最大地下水埋深出现在7—8月。中部冲洪积平原区土壤孔隙大，渗透、径流和排泄条件好，地下水埋深具有明显的季节性变化规律，春灌抽水使得地下水埋深下降，灌溉后地下水位受到灌溉入渗补给作用有所回升，地下水埋深随灌溉时间呈周期性波动。下游荒漠区地下水开发利用程度较低，地下水埋深受降水入渗和蒸发排泄双重作用，7—8月由于地下水蒸发强烈且降水量较少而地下水埋深最大。玛纳斯河流域南部由东西两边向中间地下水埋深逐渐减小，北部由西向东地下水埋深逐渐减小。从灌区来看，地下水埋深从大到小依次是石河子灌区、金安灌区、下野地灌区以及莫索湾灌区。地下水埋深等值线在各个灌区内部较为密集，并呈现由灌区内部向外部辐射减小的现象[225]。

综合比较三种灌溉方案下地下水埋深计算结果，节水程度越高，地下水位下降程度越大。研究区地下水水位降深计算结果显示常规节水灌溉模式较传统灌溉方案下地下水位不同幅度的下降，主要是由于采用沟灌、漫灌的灌溉模式改为节水滴灌后，水分垂直入渗的补给量减少。常规节水灌溉方式下石河子灌区地下水位降低幅度为1.01～3.14m；金安灌区地下水位降低幅度约为1.15～4.26m；下野地灌区地下水位降低约1.17～5.47m；莫索湾灌区地下水位降低幅度为0.93～2.58m，常规节水灌溉方案下研究区地下水位有所降低，地下水位降低程度空间分配上总体为南部大于北部。

强化节水灌溉方案下研究区地下水位在常规节水灌溉的基础上有不同幅度的进一步下降，主要原因是地下水得不到有效及时的补给造成的。地下水位总体进一步降低的幅度较小，地下水位下降时间主要集中在研究区地下水抽取时段，在石河子灌区地下水位下降幅度为 0.11～0.25m；金安灌区地下水位下降幅度约为 0.18m，最大值为 0.28m；下野地灌区地下水位下降明显，达到 0.76m 以上；莫索湾灌区地下水位下降幅度为 0.39～0.97m。

5.5 本章小结

本章结合流域下垫面及水循环要素变化规律，构建山区径流模拟和绿洲区地下水模拟模型，对模型进行参数率定及验证；模拟传统灌溉、常规节水灌溉和高效节水灌溉方式下流域地表－地下水转化过程，分析比较不同灌溉方式下地下水水均衡情况，确定不同节水条件下的地下水位降深情况，为流域节水灌溉及农业可持续发展提供科学依据。主要结论如下：

（1）本章构建了玛纳斯河流域降雨径流模型和一维水动力模型用于玛纳斯河流域径流模拟。径流量较小时两者相关系较好，随着径流量的增大误差也越来越大。率定期间模拟径流和实测径流相关性良好，绝大部分数据点位于 95％的置信区间内，验证期两者相关关系高达 0.85，显示出了较为理想的模拟精度。率定期的模型 Nash－Sutcliffe 系数 R^2 为 0.66；验证期的模型 Nash－Sutcliffe 系数 R^2 为 0.85。

（2）传统灌溉模式下地下水补给总量为 47.04 亿 m^3，排泄总量为 47.17 亿 m^3，总体水均衡虽然处于均衡状态，补排差为－0.13 亿 m^3。不饱和含水层补给水量约 11.56 亿 m^3，饱和含水层补给水量约 2.87 亿 m^3；蒸散发排泄量 21.24 亿 m^3，地表水排泄量 2.79 亿 m^3，不饱和含水层排泄水量 14.27 亿 m^3，饱和含水层排泄水量 3.59 亿 m^3。

（3）常规节水灌溉模式下研究区补给水量为 44.94 亿 m^3，较传统灌溉模式下地下水补给水量减少 2.1 亿 m^3。地下水排泄总量为

46.97 亿 m^3，较传统灌溉模式地下水排泄总量减少 0.20 亿 m^3。由于蒸散发量和地下水抽水量的影响，常规节水灌溉模式较传统灌溉模式下地下水补排负均衡程度增加 1.9 亿 m^3。

（4）高效节水灌溉模式下地下水补给水量为 44.07 亿 m^3，较常规节水灌溉模式地下水补给量减少 0.87 亿 m^3。地下水排泄总量为 46.17 亿 m^3，较常规节水灌溉模式下地下水排泄总量减少 0.80 亿 m^3。高效节水灌溉模式较常规节水灌溉模式下地下水补排负均衡程度增加 0.07 亿 m^3。

（5）节水程度越高，地下水位下降程度越大。常规节水灌溉模式较传统灌溉模式下下地下水位有不同幅度的下降，主要是由于地下水垂直入渗的补给量减少。地下水位降低程度空间分配上总体为南部大于北部。高效节水灌溉方案下地下水位在常规节水灌溉的基础上有不同幅度的进一步下降，地下水位总体降低幅度较小，地下水位下降时间主要集中在研究区地下水抽取时段。

第6章 结论与展望

节水技术对流域水循环过程影响的定量分析是变换环境下水循环过程研究的一个难点和热点。随着遥感理论与技术的不断成熟和完善，通过遥感对地表信息反演的广度和深度，能够为节水技术下的流域水循环过程研究提供更多的大气参数和地表特征参数，促进了遥感技术在地表能量平衡和水分循环研究中的应用。本书在全面分析节水条件下水循环要素演变规律的基础上，分析了水循环模拟模型所需的降水参数、土壤和植被参数，并建立山区径流模拟和绿洲区地下水数值模拟模型，结合研究区相关水文、气象观测资料和生态试验结果，分析不同节水程度下流域水循环过程，定量比较了不同节水条件下地下水均衡及地下水位下降情况，为节水技术这一干旱区强烈人类活动对流域水循环过程影响的定量分析做了一定的探索。

6.1 结论

（1）节水技术有力地推动了农业发展和绿洲化进程。玛纳斯河流域作为农业主产区，农业用水比例高达90％以上，农业用水是控水的关键。近年来随着节水技术的推广以及产业结构的调整，流域用水效率提高，近50年玛纳斯河流域人工绿洲面积由3480.2km^{2}增至7982.0km^2，增加了1.3倍。农业产值增速由节水前1.83亿元

147

/a 增加至节水后 9.0 亿元/a,增长 3.9 倍。

(2) 流域节水技术的推广存在正负效应两个方面。流域耕地和建工用地面积明显递增,林地和草地面积不断减少。节水技术实施前后耕地面积年均增长分别为 85.4km²/a 和 138.1km²/a,建工用地面积年均增长 8.1km²/a 和 6.2km²/a。节水技术推广后,流域下游荒漠区稀疏灌木林面积年均减少 34.1km²,草地面积减少 11%。节水技术推广后流域景观破碎度及景观异质性进一步加大。

(3) 下垫面变化主要是由不同阶段灌溉水平和城市化水平造成的。节水技术推广前流域土地利用综合动态度较大,耕地在此期间内最为活跃,水域整体波动情况较大。节水技术推广后,土地类型动态度均表现为耕地和水域最活跃,林地最稳定。总体来看,耕地和建工用地土地利用动态度比较活跃。通过土地类型转移矩阵得出,节水技术推广前主要为草地向耕地转移面积 2542.93km²,林地向草地转移面积 189.64km²,建工用地向耕地转移面积 137.53km²。节水技术推广后主要为草地向耕地转移面积 1756.24km²,林地向耕地转移面积 567.41km²,建工用地向耕地转移面积 37.36km²。

(4) 节水条件下流域平原区越来越湿润,荒漠区越来越干旱,绿洲化和荒漠化同时加剧。节水条件下流域水循环过程中土壤入渗和蒸散发要素受到影响。膜下滴灌影响土层含水量深度为 70cm,土壤含水量呈上下大、中间小分布特征,同时,覆膜技术可以有效减少 31.8% 的土壤水损失。流域实际蒸散发和潜在蒸散发存在"蒸发互补"规律。节水技术推广时期,流域实际蒸散发在中部平原区显示增加趋势,其余区域显示减少趋势。潜在蒸散发在中部平原区显示减少趋势,其余区域显示增加趋势,说明玛纳斯河流域中部平原区有越来越湿润趋势,其他区域则显示越来越干旱趋势。

(5) 节水程度越高,地下水负均衡程度越大。传统灌溉模式下地下水补给总量为 47.04 亿 m³，排泄总量为 47.17 亿 m³，补排差为 −0.13 亿 m³，总体水均衡处于均衡状态；常规节水灌溉模式下研究区地下水补给水量为 44.94 亿 m³，排泄总量为 46.97 亿 m³，补排差为 −2.03 亿 m³，地下水处于负均衡状态；高效节水灌溉模式下地下水补给水量为 44.07 亿 m³，排泄总量为 46.17 亿 m³，补排差为 −2.1 亿 m³，地下水处于负均衡状态。

（6）节水程度越高，地下水位下降程度越大。常规节水灌溉模式较传统灌溉模式下地下水位有不同幅度的下降，主要是由于地下水垂直入渗的补给量减少。地下水位降低程度空间分配上总体为南部大于北部。高效节水灌溉方案下地下水位在常规节水灌溉的基础上有不同幅度的进一步下降，地下水位下降时间主要集中在地下水抽取时段。

总结本项目的研究工作，主要贡献和创新点可概括如下：

（1）系统地总结与分析了节水技术对玛纳斯河流域水土资源开发的影响，得出了节水技术有力推进了流域绿洲化进程的同时，改变了流域水循环方式，并以此为本书的研究背景，分析了节水条件对流域水循环要素的影响。

（2）以遥感影像为数据源，结合室外试验方法，设计了一套节水条件下流域下垫面变化和水循环要素影响分析技术流程，并提出节水条件下流域水循环模拟径流、入渗和蒸发参数，为流域水循环模拟模型研究提供技术支持。

（3）建立了节水条件下流域水循环模拟模型。模型根据流域山盆系统格局，分别建立了山区径流模拟模型和绿洲地下水数值模拟模型。模型的创新点在于引入不同节水程度的梯度学理论，具体分析传统灌溉、常规节水灌溉和强化节水灌溉对流域水循环过程的影响，确定不同灌溉方式下水均衡及地下水位降深情况，为流域水资源合理开发提供依据。

6.2 展望

人类活动直接影响着水循环过程的改变，分析人类活动对水文水资源的影响，通过水文模型进行变化环境下的流域水循环过程模拟，对于水资源演变规律的把握以及实现水资源可持续利用有着重大意义[234-236]。本书对节水技术就玛纳斯河流域水土资源开发利用及存在的问题进行了归纳总结，并对节水条件对水循环要素影响规律进行了探索性的研究。本书分别从下垫面和水循环要素两个角度出发，采用遥感解译方法开展了节水技术对流域水循环的影响；还通过构建节水条件下的水循环模拟模型比较了不同节水程度条件下的地下水均衡及地下水位降深，取得了一定的成果，然而还有几个问题需要在今后的研究中继续深入研究。结合本书项目研究存在的不足，确定以下几个方面为未来研究工作的重点：

（1）本项目初步分析了节水技术对玛纳斯河流域水循环的影响，而实际上，水循环过程也受到气候变化的影响，对其相互间的纵向影响及其流域水循环变化的影响机理还有待进一步研究。同时，人类活动影响下流域农业水循环过程是流域尺度水循环过程的重要环节，书中构建的水文模型对流域水循环过程的模拟主要基于经验统计模型，模拟精度取决于输入数据及水文系数。后续模型改进工作中，农业水循环模拟机理有待进一步加强。

（2）本项目通过数理统计及遥感解译方法分析了节水条件下玛纳斯河流域水循环要素变化规律，但节水技术具体作用的影响方式和机理有待进一步研究，尤其是涉及节水条件下流域蒸散发的影响因素和机理，蒸发与降水的关系等问题都值得进一步深入研究。

（3）节水条件下构建水文模型模拟水循环过程研究中，下垫面的空间演变规律必定影响模型水文参数的取值，进一步影响着节水条件下流域水循环过程空间描述的准确性。因此，如何提高变化环境下水循环模拟过程中流域水文参数对流域水循环特性空间分布的表达能力同样重要，有待进一步深入研究。

参　考　文　献

［1］ 秦大庸，陆垂裕，刘家宏，等. 流域"自然 - 社会"二元水循环理论框架 ［J］. 科学通报，2014（Z1）：419 - 427.

［2］ 程维明，周成虎，刘海江，等. 玛纳斯河流域 50 年绿洲扩张及生态环境演变研究 ［J］. 中国科学（D 辑：地球科学），2005（11）：1074 - 1086.

［3］ 张青青，徐海量，樊自立，等. 北疆玛纳斯河流域人工绿洲演变过程及其特点 ［J］. 冰川冻土，2012（1）：72 - 80.

［4］ 封玲，田晓明. 玛纳斯河流域农业开发与水资源分配格局的改变及其生态效应 ［J］. 中国农史，2006（1）：119 - 126，133.

［5］ L Mori. Land and land use ［J］. Science（New York，N. Y.），1936，83（2154）：337 - 43.

［6］ Camara F. Land use，migration，and occupation：problems of development ［J］. Journal of Architectural & Planning Research，1988，5（3）：215.

［7］ Yunlong C. Land use and management in PR China：problems and strategies. ［J］. Land Use Policy，1990，7（4）：337.

［8］ A Veldkamp，P H Verburg. Modelling land use change and environmental impact ［J］. Journal of Environmental Management，2004，72（1 - 2）：1 - 3.

［9］ Massimo Stafoggia，Joel Schwartz，Chiara Badaloni，et al. Estimation of daily PM10 concentrations in Italy（2006 - 2012）using finely resolved satellite data，land use variables and meteorology ［J］. Environment International，2017，99：234 - 244.

［10］ Kleber Trabaquini，Lenio Soares Galvao，Antonio Roberto Formaggio，et al. Soil，land use time，and sustainable intensification of agriculture in the Brazilian Cerrado Region ［J］. Environmental Monitoring and Assessment，2017，189（2）：70 - 70.

［11］ 彭冬梅. 近 15 年新疆台兰河流域土地利用变化特征及其生态效应研究 ［D］. 乌鲁木齐：新疆农业大学，2009.

[12] 申树云. 无锡市土地利用变化及其对水环境影响研究 [D]. 南京：南京农业大学，2009.

[13] 张景华，封志明，姜鲁光. 土地利用/土地覆被分类系统研究进展 [J]. 资源科学，2011 (6)：1195 - 1203.

[14] 朱雅莉，张庆国，周晓飞. 土地利用/覆被变化对区域气候的影响研究 [J]. 安徽农学通报（下半月刊），2012 (8)：76 - 78.

[15] S J Burian, M J Brown, T N McPherson. Evaluation of land use/land cover datasets for urban watershed modeling [J]. Water science and technology：a journal of the International Association on Water Pollution Research, 2002, 45 (9)：269 - 76.

[16] Arne Tollan. Land - use change and floods：what do we need most, research or management? [J]. Water science and technology：a journal of the International Association on Water Pollution Research, 2002, 45 (8)：183 - 90.

[17] B L Turner II, William B Meyer, David L Skole, et al. 全球土地利用与土地覆被变化：进行综合研究 [J]. AMBIO - 人类环境杂志，1994 (1)：91 - 95.

[18] Md Akhtaruzzaman, K T Osman, S M Sirajul Haque. Properties of Soils under Different Land Uses in Chittagong Region, Bangladesh [J]. Journal of Forest and Environmental Science, 2015, 31 (1)：14 - 23.

[19] 郝芳华，陈利群，刘昌明，等. 土地利用变化对产流和产沙的影响分析 [J]. 水土保持学报，2004 (3)：5 - 8.

[20] 杨舒媛，严登华，李扬，等. 金沙江中上游下垫面变化的水文过程响应 [J]. 人民长江，2008 (15)：39 - 41.

[21] 陈葆德，侯依玲，田展，等. 下垫面改变对华东区域气温的影响 [C]. 2009：1.

[22] 蒙海花. 气候变化与土地利用变化的岩溶水文水资源响应 [D]. 南京：南京大学，2011.

[23] 陈继伟. 人类活动对干旱区农田地气相互作用的影响 [D]. 兰州：兰州大学，2013.

[24] 邓力琛. 长三角地区不同下垫面 NDVI 的变化趋势及其与气候要素的相关性分析 [D]. 南京：南京信息工程大学，2015.

[25] 热伊莱·卡得尔，玉素甫江·如素力，高情，等. 新疆焉耆盆地地表温度时空分布对 LUCC 的响应 [J]. 农业工程学报，2016 (20)：259 - 266.

[26] 蔡青. 基于景观生态学的城市空间格局演变规律分析与生态安全格局构建 [D]. 长沙：湖南大学，2012.

[27] 陈利顶，孙然好，刘海莲. 城市景观格局演变的生态环境效应研究进展 [J]. 生态学报，2013 (4)：1042 - 1050.

[28] 付梅臣，胡振琪，吴淦国. 农田景观格局演变规律分析 [J]. 农业工程学报，2005 (6)：54 - 58.

[29] 魏伟，石培基，周俊菊，等. 近 20 多年来石羊河流域景观格局演变特征 [J]. 干旱区资源与环境，2013 (2)：156 - 161.

[30] 夏兵. 基于遥感的北京地区景观格局演变研究 [D]. 北京：北京林业大学，2004.

[31] 张建永，李扬，赵文智，等. 河西走廊生态格局演变跟踪分析 [J]. 水资源保护，2015 (3)：5 - 10.

[32] 陈钦峦，朱静玉，汪慧慧. 应用遥感资料分析流域下垫面地理因素的方法及其对地表水资源估算的意义——以山西省文峪河流域为例 [J]. 南京大学学报（自然科学版），1981 (4)：545 - 551.

[33] 顾大辛，谭炳卿. 土地利用对水文、环境的影响 [J]. 治淮，1987 (5)：47 - 48，44.

[34] 李秀彬. 全球环境变化研究的核心领域——土地利用/土地覆被变化的国际研究动向 [J]. 地理学报，1996 (6)：553 - 558.

[35] 陈育峰. 中国土地覆被空间差异性的季相变化图式 [J]. 科学通报，1998 (21)：2327 - 2330.

[36] 周广胜，王玉辉. 土地利用/覆盖变化对气候的反馈作用 [J]. 自然资源学报，1999 (4)：318 - 322.

[37] 李克让，陈育峰，黄玫，等. 气候变化对土地覆被变化的影响及其反馈模型 [J]. 地理学报，2000 (S1)：57 - 63.

[38] 史培军，袁艺，陈晋. 深圳市土地利用变化对流域径流的影响 [J]. 生态学报，2001 (7)：1041 - 1049，1217.

[39] 角媛梅，王金亮，马剑. 三江并流区土地利用/覆被变化因子分析 [J]. 云南师范大学学报（自然科学版），2002 (3)：59 - 65.

[40] 王建群，卢志华. 土地利用变化对水文系统的影响研究 [J]. 地球科学进展，2003 (2)：292 - 298.

[41] 王建群，张显扬，卢志华. 秦淮河流域数字水文模型及其应用 [J]. 水利学报，2004 (4)：42 - 47.

[42] 张钰，刘桂民，马海燕，等. 黑河流域土地利用与覆盖变化特征 [J]. 冰川冻土，2004 (6)：740 - 746.

154

[43] 潘晓玲，曾旭斌，张杰，等. 新疆生态景观格局演变及其与气候的相互作用 [J]. 新疆大学学报（自然科学版），2004（1）：1-7.

[44] 赵峰. 吉林省中部土地利用/覆被变化对水资源环境影响研究 [D]. 长春：吉林大学，2005.

[45] 郭宗锋，马友鑫，李红梅，等. 流域土地利用变化对径流的影响 [J]. 水土保持研究，2006（5）：139-142.

[46] 李丽娟，姜德娟，李九一，等. 土地利用/覆被变化的水文效应研究进展 [J]. 自然资源学报，2007（2）：211-224.

[47] 葛全胜，戴君虎，何凡能，等. 过去300年中国土地利用、土地覆被变化与碳循环研究 [J]. 中国科学（D辑：地球科学），2008（2）：197-210.

[48] 张琳. 海河流域下垫面变化情况及趋势分析 [D]. 天津：天津大学，2009.

[49] 陈晓宏，涂新军，谢平，等. 水文要素变异的人类活动影响研究进展 [J]. 地球科学进展，2010（8）：800-811.

[50] 赵锐锋，姜朋辉，陈亚宁，等. 塔里木河干流区土地利用/覆被变化及其生态环境效应 [J]. 地理科学，2012（2）：244-250.

[51] 陈耀亮，罗格平，叶辉，等. 1975—2005年中亚土地利用/覆被变化对森林生态系统碳储量的影响 [J]. 自然资源学报，2015（3）：397-408.

[52] 赵忠贺，徐增让，成升魁，等. 西藏生态系统碳蓄积动态的土地利用/覆被变化归因分析 [J]. 自然资源学报，2016（5）：755-766.

[53] 丛鑫，孔珂，王金童，等. 基于SWAT模型的锦绣川流域土地利用和覆被变化的水文响应分析 [J]. 济南大学学报（自然科学版），2017（5）.

[54] 贾静，石晓丽. 土地利用/覆被变化对区域径流的影响——以秦皇岛地区为例 [J]. 地理与地理信息科学，2017（2）：108-114，127.

[55] 薛根元，周锁铨，孙照渤，等. 基于遥感资料的陆面水循环模拟及检验 [J]. 大气科学，2005（6）：69-83.

[56] 王兴菊. 寒区湿地演变驱动因子及其水文生态响应研究 [D]. 大连：大连理工大学，2008.

[57] 宋晓猛，张建云，占车生，等. 气候变化和人类活动对水文循环影响研究进展 [J]. 水利学报，2013（7）：779-790.

[58] 王莺，张雷，王劲松. 洮河流域土地利用/覆被变化的水文过程响应 [J]. 冰川冻土，2016，38（1）：200-210.

[59] 王加虎，李丽，李新红. "四水"转化研究综述 [J]. 水文，2008（4）：5-8.

[60] 努尔比耶·艾合麦提托合提. 气候变化与人类活动对开都河径流量的影响研究 [D]. 乌鲁木齐: 新疆大学, 2015.

[61] 魏兆珍. 海河流域下垫面要素变化及其对洪水的影响研究 [D]. 天津: 天津大学, 2013.

[62] 陈荷生. 西北干旱区水资源开发引起环境变化的识别 [J]. 中国沙漠, 1987 (2): 5 - 15.

[63] 蔡丽敏. 福建省水循环要素分析 [J]. 福建师范大学学报 (自然科学版), 1989 (2): 95 - 102.

[64] 冷疏影, 宋长青, 吕克解, 等. 区域环境变化研究的重要科学问题——国家自然科学基金 "21 世纪核心科学问题" 论坛 [J]. 自然科学进展, 2001 (2): 112 - 114.

[65] 张娜, 于贵瑞, 于振良. 异质景观年平均蒸发量空间格局模拟 [J]. 生态学报, 2004 (11): 2524 - 2534.

[66] 黄领梅. 水文要素对人类活动响应的研究——以和田河流域为例 [D]. 西安: 西安理工大学, 2005.

[67] 贾仰文, 王浩, 严登华. 黑河流域水循环系统的分布式模拟 (Ⅰ) ——模型开发与验证 [J]. 水利学报, 2006 (5): 534 - 542.

[68] 李洋. 石羊河流域水循环要素变化特征研究 [D]. 陕西杨凌: 西北农林科技大学, 2008.

[69] 曹铮. 松辽流域水资源演变规律分析 [D]. 天津: 天津大学, 2010.

[70] 丁文荣, 吕喜玺, 明庆忠. 变化环境下的龙川江流域水循环要素响应与趋势 [J]. 节水灌溉, 2011 (2): 1 - 4.

[71] 李鹏. 变化环境对灌区水循环的影响研究 [D]. 陕西杨凌: 西北农林科技大学, 2014.

[72] 张蕾. 水面蒸发尺度效应及其与气象要素关系研究 [D]. 西安: 长安大学, 2015.

[73] 付军. 环境变化对区域水循环要素及水资源演变影响的研究 [D]. 天津: 天津大学, 2016.

[74] 吴林, 闵雷雷, 沈彦俊, 等. 分时段修正双源模型在西北干旱区玉米蒸散量模拟中的应用 [J]. 中国生态农业学报, 2017 (5): 634 - 646.

[75] Mehmet Aydin, Tomohisa Yano, Fatih Evrendilek, et al. Implications of climate change for evaporation from bare soils in a Mediterranean environment [J]. Environmental Monitoring and Assessment, 2008, 140 (1 - 3): 123 - 30.

[76] D M Hodapp, W Winterlin. Pesticide degradation in model soil evaporation beds [J]. Bulletin of Environmental Contamination and Toxicol-

156

ogy，1989，43（1）：36 - 44.

[77] Wen - Bo Rao，Liang - Feng Han，Hong - Bing Tan，et al. Isotope fractionation of sandy - soil water during evaporation - an experimental study [J]. Isotopes in Environmental and Health Studies，2017，53（3）：313 - 325.

[78] Haijing Wang，Thomas Fischer，Wolfgang Wieprecht，et al. A pre-dictive method for volatile organic compounds emission from soil：E-vaporation and diffusion behavior investigation of a representative com-ponent of crude oil [J]. The Science of the Total Environment，2015，530 - 531：38 - 44.

[79] Martin Jung，Markus Reichstein，Philippe Ciais，et al. Recent decline in the global land evapotranspiration trend due to limited moisture sup-ply [J]. Nature，2010，467（7318）：951 - 4.

[80] H L Penman. Natural evaporation from open water，hare soil and grass [J]. Proceedings of the Royal Society of London. Series A，Mathemati-cal and Physical Sciences，1948，193（1032）：120 - 45.

[81] 冯景泽，王忠静. 遥感蒸散发模型研究进展综述 [J]. 水利学报，2012（8）：914 - 925.

[82] 宋璐璐，尹云鹤，吴绍洪. 蒸散发测定方法研究进展 [J]. 地理科学进展，2012（9）：1186 - 1195.

[83] 尹剑，占车生，顾洪亮，等. 基于水文模型的蒸散发数据同化实验研究 [J]. 地球科学进展，2014（9）：1075 - 1084.

[84] 张荣华，杜君平，孙睿. 区域蒸散发遥感估算方法及验证综述 [J]. 地球科学进展，2012（12）：1295 - 1307.

[85] 傅抱璞. 土壤蒸发的计算 [J]. 气象学报，1981（2）：226 - 236.

[86] 丛振涛，倪广恒，杨大文，等. "蒸发悖论"在中国的规律分析 [J]. 水科学进展，2008（2）：147 - 152.

[87] 韩松俊，王少丽，杨大文. 农业活动对中国区域"蒸发悖论"规律的影响 [J]. 农业工程学报，2010（10）：1 - 8.

[88] 李敏敏，延军平. "蒸发悖论"在北方农牧交错带的探讨 [J]. 资源科学，2013（11）：2298 - 2307.

[89] 王忠富，杨礼箫，白晓，等. "蒸发悖论"在黑河流域的探讨 [J]. 冰川冻土，2015（5）：1323 - 1332.

[90] 胡琦，董蓓，潘学标，等. 1961—2014 年中国干湿气候时空变化特征及成因分析 [J]. 农业工程学报，2017（6）：124 - 132，315.

［91］　邓红章. 基于 MODIS 的格尔木地区蒸散量研究 ［D］. 西安：长安大学，2010.

［92］　张长春，魏加华，王光谦，等. 区域蒸发量的遥感研究现状及发展趋势 ［J］. 水土保持学报，2004 (2)：174 - 177，182.

［93］　沃又谷. 一种计算流域蒸散发的模型 ［J］. 水文，1988 (6)：35 - 39.

［94］　刘昌明，窦清晨. 土壤 - 植物 - 大气连续体模型中的蒸散发计算 ［J］. 水科学进展，1992 (4)：255 - 263.

［95］　胡凤彬，康瑛. 加拿大 CRAE 蒸散发模型开发应用 ［J］. 河海大学学报，1994 (3)：58 - 65.

［96］　张建云，章四龙，朱传保. 气候变化与流域径流模拟 ［J］. 水科学进展，1996 (S1)：54 - 59.

［97］　郭玉川. 基于遥感的区域蒸散发在干旱区水资源利用中的应用 ［D］. 乌鲁木齐：新疆农业大学，2007.

［98］　王海波，马明国. 基于遥感和 Penman - Monteith 模型的内陆河流域不同生态系统蒸散发估算 ［J］. 生态学报，2014 (19)：5617 - 5626.

［99］　王祖方. 黑河绿洲土地利用格局变化及其对区域蒸散发的影响 ［D］. 武汉：华中师范大学，2015.

［100］　薛丽君. 基于 Budyko 水热耦合平衡理论的嫩江流域蒸散发研究 ［D］. 长春：吉林大学，2016.

［101］　施云霞. 基于 SEBAL 模型的新疆精河绿洲蒸散发研究 ［D］. 乌鲁木齐：新疆师范大学，2016.

［102］　郭生练，刘春蓁. 大尺度水文模型及其与气候模型的联结耦合研究 ［J］. 水利学报，1997 (7)：38 - 42，66.

［103］　雷晓辉，廖卫红，蒋云钟，等. 分布式水文模型 EasyDHM （Ⅰ）：理论方法 ［J］. 水利学报，2010 (7)：786 - 794.

［104］　Raymond T. Pierrehumbert. The hydrologic cycle in deep - time climate problems ［J］. Nature，2002，419 (6903)：191 - 8.

［105］　Richard Seager，Mingfang Ting，Isaac Held，et al. Model projections of an imminent transition to a more arid climate in southwestern North America ［J］. Science (New York，N. Y.)，2007，316 (5828)：1181 - 4.

［106］　Justin Sheffield，Eric F. Wood，Michael L. Roderick. Little change in global drought over the past 60 years ［J］. Nature，2012，491 (7424)：435 - 8.

［107］　王书功，康尔泗，李新. 分布式水文模型的进展及展望 ［J］. 冰川冻

土，2004（1）：61-65.

[108] 韩育宁. 生态水文过程模拟研究综述 [J]. 山西水土保持科技，2010（4）：7-9，17.

[109] 徐宗学，程磊. 分布式水文模型研究与应用进展 [J]. 水利学报，2010（9）：1009-1017.

[110] 杨会龙. 流域水文模型研究现状及发展趋势 [J]. 四川水利，2016（1）：96-98.

[111] Zahra Kalantari，Steve W. Lyon，Per-Erik Jansson，et al. Modeller subjectivity and calibration impacts on hydrological model applications：an event-based comparison for a road-adjacent catchment in south-east Norway [J]. The Science of the Total Environment，2015，502：315-29.

[112] Eydith Girleza Gil，Conrado Tobón. Modelación hidrológica con TOP-MODEL en el páramo de Chingaza，Colombia [J]. Revista Facultad Nacional de Agronomía，Medellín，2016，69（2）：7919-7933.

[113] S Liu，P Tucker，M Mansell，et al. Application of a water quality model in the White Cart water catchment，Glasgow，UK [J]. Environmental Geochemistry and Health，2003，25（1）：57-62.

[114] Zeyuan Qiu. A VSA-based strategy for placing conservation buffers in agricultural watersheds [J]. Environmental Management，2003，32（3）：299-311.

[115] 孟爽. GIS 辅助下的 TOPMODEL 模型在流域径流模拟中的应用 [D]. 武汉：华中科技大学，2006.

[116] C J Vorosmarty，P Green，J Salisbury，et al. Global water resources：vulnerability from climate change and population growth [J]. Science（New York，N. Y.），2000，289（5477）：284-8.

[117] Matthew Rodell，Isabella Velicogna，James S. Famiglietti. Satellite-based estimates of groundwater depletion in India [J]. Nature，2009，460（7258）：999-1002.

[118] Kari L Vigerstol，Juliann E Aukema. A comparison of tools for modeling freshwater ecosystem services [J]. Journal of Environmental Management，2011，92（10）：2403-9.

[119] Darren L Ficklin，Iris T Stewart，Edwin P Maurer. Climate change impacts on streamflow and subbasin-scale hydrology in the Upper Colorado River Basin [J]. PloS one，2013，8（8）：e71297-e71297.

[120] Yuzhou Luo，Darren L Ficklin，Xiaomang Liu，et al. Assessment of climate change impacts on hydrology and water quality with a watershed modeling approach [J]. The Science of the Total Environment，2013，450－451：72－82.

[121] 樊明兰. 基于 DEM 的分布式水文模型在中尺度径流模拟中的应用研究 [D]. 成都：四川大学，2004.

[122] 池宸星. 黄土高原典型流域产汇流特性变化研究 [D]. 南京：河海大学，2005.

[123] 穆振侠. 天山西部山区分布式水文模型的研究 [D]. 乌鲁木齐：新疆农业大学，2007.

[124] 盛前丽. 香溪河流域土地利用变化径流效应研究 [D]. 北京：北京林业大学，2008.

[125] 许端阳. 气候变化和人类活动在沙漠化过程中相对作用的定量研究 [D]. 南京：南京农业大学，2009.

[126] 张志才，陈喜，石朋，等. 喀斯特流域分布式水文模型及植被生态水文效应 [J]. 水科学进展，2009 (6)：806－811.

[127] 邓慧平. 农田水循环与能量分配的实验及其数值模拟 [J]. 干旱区地理，1991 (1)：42－47.

[128] 于澎涛. 分布式水文模型的理论、方法与应用 [D]. 北京：中国林业科学研究院，2001.

[129] 王中根，刘昌明，左其亭，等. 基于 DEM 的分布式水文模型构建方法 [J]. 地理科学进展，2002 (5)：430－439.

[130] 李丽，郝振纯，王加虎. 一个以 DEM 为基础的分布式水文模型 [J]. 水电能源科学，2004 (4)：5－7.

[131] 刘昌明，夏军，郭生练，等. 黄河流域分布式水文模型初步研究与进展 [J]. 水科学进展，2004 (4)：495－500.

[132] 王加虎. 分布式水文模型理论与方法研究 [D]. 南京：河海大学，2006.

[133] 张海仑. 近代水文和水资源主要研究方向 [J]. 水文，1982 (S1)：93－96.

[134] 杨裕英. 黄淮海平原地区"三水"转化水文模型 [J]. 水文，1988 (5)：11－16.

[135] 刘金清，陆建华. 国内外水文模型概论 [J]. 水文，1996 (4)：4－8.

[136] 何新林，郭生练. 气候变化对新疆玛纳斯河流域水文水资源的影响 [J]. 水科学进展，1998 (1)：78－84.

[137] 郭生练，熊立华，杨井，等. 基于 DEM 的分布式流域水文物理模型 [J]. 武汉水利电力大学学报，2000 (6)：1-5.

[138] 王国庆，李新天，王云璋，等. 系统论方法在水文模拟技术中的应用 [J]. 西北水资源与水工程，2001 (4)：17-18，22.

[139] 杨大文，李翀，倪广恒，等. 分布式水文模型在黄河流域的应用 [J]. 地理学报，2004 (1)：143-154.

[140] 叶丽华. 平原区"四水"转化模型研究 [D]. 南京：河海大学，2004.

[141] 张金英. 基于 SWAT 模型的拒马河上游地区土壤侵蚀研究及其影响因子分析 [D]. 石家庄：河北师范大学，2007.

[142] 王蕊，王中根，夏军. 地表水和地下水耦合模型研究进展 [J]. 地理科学进展，2008 (4)：37-41.

[143] 张银辉，罗毅. 基于分布式水文学模型的内蒙古河套灌区水循环特征研究 [J]. 资源科学，2009 (5)：763-771.

[144] 刘昌明，郑红星，王中根，等. 基于 HIMS 的水文过程多尺度综合模拟 [J]. 北京师范大学学报（自然科学版），2010 (3)：268-273.

[145] 李慧，雷晓云，包安明，等. 基于 SWAT 模型的山区日径流模拟在玛纳斯河流域的应用 [J]. 干旱区研究，2010 (5)：686-690.

[146] 赖正清，李硕，李呈罡，等. SWAT 模型在黑河中上游流域的改进与应用 [J]. 自然资源学报，2013 (8)：1404-1413.

[147] 范杨臻，杨国录，夏倩，等. 分布式陆面-水文模型在淮河流域的应用 [J]. 武汉大学学报（工学版），2016 (1)：27-31.

[148] 徐宗学，刘晓婉，刘浏. 气候变化影响下的流域水循环：回顾与展望 [J]. 北京师范大学学报（自然科学版），2016 (6)：722-730，839.

[149] 吴乔枫，刘曙光，蔡奕，等. 流域非闭合特性对岩溶地区水文过程模拟的影响 [J]. 水利学报，2017 (4)：457-466.

[150] 邱超. 模糊聚类分析在水文预报中的研究及应用 [D]. 杭州：浙江大学，2007.

[151] 王涛. 柴达木盆地那棱格勒河流域水文情况研究 [D]. 西宁：中国科学院研究生院（青海盐湖研究所），2007.

[152] 袁长旭. 天山山区径流模拟及区域分布规律研究 [D]. 乌鲁木齐：新疆农业大学，2009.

[153] 王帅. 渭河流域分布式水文模拟及水循环演变规律研究 [D]. 天津：天津大学，2013.

[154] 党新成，李新贤，高建芳. 玛纳斯河流域水文与环境特征分析 [J]. 水文，2006 (5)：89-90，82.

[155] 王永静，闫周府. 新疆玛纳斯河流域用水结构演变及其驱动力分析 [J]. 干旱区研究，2017（2）：243-250.

[156] 封玲. 玛纳斯河流域农业开发与生态环境变迁研究 [D]. 南京：南京农业大学，2005.

[157] 张军民. 新疆玛纳斯河流域水文循环二元分化及其生态效应 [J]. 水资源与水工程学报，2006（4）：25-28.

[158] 李玉义，逄焕成，张凤华，等. 新疆玛纳斯河流域节水农作制发展模式 [J]. 农业工程学报，2009（6）：52-58.

[159] 汪世国，熊英. 基于DEM的新疆玛纳斯河流域南山洼地水系提取及分级研究 [J]. 安徽农业科学，2010（31）：17955-17956.

[160] 史兴民，李有利，杨景春，等. 新疆玛纳斯河山前地貌对构造活动的响应 [J]. 地质学报，2008（2）：281-288.

[161] 郑琦，王海江，李万涛，等. 玛纳斯河流域土壤盐渍化影响因素研究 [J]. 农业资源与环境学报，2016（3）：214-220.

[162] 刘香君. 石河子垦区弃耕地生态重建研究 [D]. 新疆石河子：石河子大学，2011.

[163] 陈接华，王绍明，曹国栋，等. 玛纳斯河流域不同地貌和植被类型下土壤物理性质研究 [J]. 新疆农业科学，2012（2）：354-361.

[164] 姜亮亮. 玛纳斯河流域生态需水变化与景观格局的响应关系研究 [D]. 新疆石河子：石河子大学，2014.

[165] 梁二敏，张军民. 新疆玛纳斯河流域景观格局变化的生态安全分析 [J]. 水土保持研究，2016（3）：170-175.

[166] 刘明川，刘琳，李瑶，等. 新疆玛纳斯河流域景观格局演变及驱动力分析 [J]. 人民长江，2016（19）：26-31.

[167] 王娟. 玛纳斯河流域径流对气候变化的响应研究 [D]. 乌鲁木齐：新疆农业大学，2011.

[168] 李建军. 近50年人工灌排技术进步对玛纳斯河流域景观格局变化的影响 [D]. 乌鲁木齐：新疆大学，2015.

[169] 唐小英. 玛纳斯河流域上游近40年来景观格局变化及对径流量变化的影响研究 [D]. 新疆石河子：石河子大学，2016.

[170] 王月健，徐海量，王成，等. 过去30a玛纳斯河流域生态安全格局与农业生产力演变 [J]. 生态学报，2011（9）：2539-2549.

[171] 张宏锋，欧阳志云，郑华，等. 新疆玛纳斯河流域景观格局变化及其生态效应 [J]. 应用生态学报，2009（6）：1408-1414.

[172] 张佳，何新林，王来印. 水库自动化运行管理问题探讨 [J]. 新疆农

垦科技，2015（7）：75-76.

[173] 张青青，徐海量，樊自立，等. 玛纳斯河流域人工绿洲扩张对社会经济和生态环境的影响分析［J］. 中国沙漠，2012（3）：863-871.

[174] 王永静，闫周府. 种植业用水结构演变与种植结构调整研究——以石河子垦区为例［J］. 节水灌溉，2016（3）：61-64.

[175] 闫周府. 玛纳斯河流域农业用水驱动力分析及预测［D］. 新疆石河子：石河子大学，2016.

[176] 杨广，陈伏龙，何新林，等. 玛纳斯河流域平原区垂向交错带地下水的演变规律及驱动力的分析［J］. 石河子大学学报（自然科学版），2011（2）：248-252.

[177] 冯异星，罗格平，周德成，等. 近50a土地利用变化对干旱区典型流域景观格局的影响——以新疆玛纳斯河流域为例［J］. 生态学报，2010（16）：4295-4305.

[178] 张添佑，王玲，罗冲，等. 玛纳斯河流域土壤盐渍化时空动态变化［J］. 水土保持研究，2016（1）：228-233.

[179] 彭丽. 不同灌溉方式下玛纳斯河流域土壤盐渍化时空变异特征研究［D］. 新疆石河子：石河子大学，2016.

[180] 周建春. 玛纳斯河流域水资源开发利用现状及用水水平评价［J］. 水利科技与经济，2013（2）：95-96.

[181] Guang Yang, Xin-Lin He. Ecological Plant Haloxylon ammodendron's response to Drought stress and the model to predict the water environment［J］. The Joural of Environmental Protection and Ecology (JEPE)，2013，14（4）：1525-1535.

[182] 黄海平，黄宝连. 新疆节水型社会建设相关问题研究［J］. 石河子大学学报（哲学社会科学版），2010（6）：7-11.

[183] G Yang, X L He, C H Zhao, et al. A saline water irrigation experimental investigation into salt-tolerant and suitable salt concentration of Haloxylon ammodendron from the Gurbantünggüt desert, Northwestern China［J］. Fresenius Environmental Bulletin，2016，25（9）：3408-3416.

[184] 吕博，倪娟，王文科，等. 水资源开发利用引起的环境负效应——以玛纳斯河流域为例［J］. 地球科学与环境学报，2006（3）：53-56.

[185] 王翠，杨广，何新林，等. 玛纳斯河流域生态系统适应性评价［J］. 中国农村水利水电，2015（4）：18-21.

[186] 崔荣辉. 陕西省2000—2010年生态环境质量综合评估与研究［D］. 西

安：西北大学，2015.

[187] Guang Yang, X L He, Tiegang Zheng. Natural and artificially water flux ratio research in Arid Inland River Basin, China [J]. Fresenius Environmental Bulletin, 2012, 21 (7): 1764 - 1768.

[188] 江玮. 基于 RS 的深圳市土地利用信息提取及变化特征与驱动力分析 [D]. 南昌：东华理工大学，2013.

[189] 谢菲，舒晓波，廖富强，等. 浮梁县土地利用变化及驱动力分析 [J]. 水土保持研究，2011 (2): 213 - 217, 221.

[190] 谢兴震. 基于 RS 与 GIS 的东营市土地利用生态安全研究 [D]. 济南：山东师范大学，2013.

[191] 余晓敏. 面向生态系统碳收支服务的 HJ - 1A/B 影像分类关键技术 [D]. 武汉：武汉大学，2012.

[192] 李义玲，乔木，杨小林，等. 干旱区典型流域近 30a 土地利用/覆被变化和景观破碎化分析——以玛纳斯河流域为例 [J]. 中国沙漠，2008 (6): 1050 - 1057, 1213.

[193] 方喻弘. 三峡库区土地开发动态特征及其对水质安全的压力评估 [D]. 武汉：湖北工业大学，2016.

[194] 金宇. 内蒙古科尔沁沙地生态系统受威胁状况评估 [D]. 南京：南京信息工程大学，2014.

[195] 钟凌鹏. 赣南苏区土地利用景观格局变化及驱动力分析 [D]. 南昌：江西师范大学，2015.

[196] 陈红媛. 新疆玛纳斯河径流过程特征研究 [J]. 新疆水利，2016 (5): 46 - 49.

[197] 付树卿. 近 50 年玛纳斯河径流时序变化特征 [J]. 地下水，2016 (2): 151 - 153.

[198] 黄大昕. 近 60 年玛纳斯河径流变化特征分析 [J]. 水利科技与经济，2016 (10): 103 - 105.

[199] 吉磊，何新林，刘兵，等. 近 60 年玛纳斯河径流变化规律的分析 [J]. 石河子大学学报（自然科学版），2013 (6): 765 - 769.

[200] 陆峰. 天山北坡玛纳斯河径流变化特征分析 [J]. 新疆水利，2016 (3): 25 - 30.

[201] 陈伏龙，王怡璇，吴泽斌，等. 气候变化和人类活动对干旱区内陆河径流量的影响——以新疆玛纳斯河流域肯斯瓦特水文站为例 [J]. 干旱区研究，2015 (4): 692 - 697.

[202] 唐湘玲，吕新，李俊峰. 近 50 年玛纳斯河流域径流变化规律研究

[J]. 干旱区资源与环境，2011 (5)：124 - 129.

[203] 李建琴，李永强. 玛纳斯河流域水文特征分析 [J]. 中国西部科技，2008 (14)：28 - 29.

[204] 唐湘玲，龙海丽，邢永建. 玛纳斯河流域降水与径流变化及其人类活动的影响 [J]. 新疆师范大学学报（自然科学版），2005 (3)：145 - 148，152.

[205] 王薇，陈伏龙，何新林. 玛纳斯河肯斯瓦特以上流域近55年降水量变化特性分析 [J]. 干旱区资源与环境，2013 (5)：163 - 168.

[206] 崔亚莉，邵景力，李慈君. 玛纳斯河流域地表水、地下水转化关系研究 [J]. 水文地质工程地质，2001 (2)：9 - 13，55.

[207] 夏自强，蒋洪庚，李琼芳，等. 地膜覆盖对土壤温度、水分的影响及节水效益 [J]. 河海大学学报，1997 (2)：41 - 47.

[208] 范文波，吴普特，马枫梅. 膜下滴灌技术生态-经济与可持续性分析——以新疆玛纳斯河流域棉花为例 [J]. 生态学报，2012 (23)：7559 - 7567.

[209] 位贺杰，张艳芳，朱妮，等. 基于MOD16数据的渭河流域地表实际蒸散发时空特征 [J]. 中国沙漠，2015 (2)：414 - 422.

[210] Hyun Woo Kim, Kyotaek Hwang, Qiaozhen Mu, et al. Validation of MODIS 16 Global Terrestrial Evapotranspiration Products in Various Climates and Land Cover Types in Asia [J]. KSCE Journal of Civil Engineering, 2012, 16 (2)：229 - 238.

[211] Nebo Jovanovic, Qiaozhen Mu, Richard D H Bugan, et al. Dynamics of MODIS evapotranspiration in South Africa [J]. Water SA, 2015, 41 (1)：79 - 90.

[212] Tian Zhang, Jian Peng, Wei Liang, et al. Spatial - temporal patterns of water use efficiency and climate controls in China's Loess Plateau during 2000 - 2010 [J]. The Science of the total environment, 2016, 565：105 - 22.

[213] 马雪宁，张明军，王圣杰，等. "蒸发悖论" 在黄河流域的探讨 [J]. 地理学报，2012 (5)：645 - 656.

[214] 姜亮亮，刘海隆，包安明，等. 玛纳斯河流域景观格局演变特征与驱动机制分析 [J]. 水土保持研究，2014 (4)：256 - 262.

[215] 蔡晓雨. 银川平原蒸散量的变化规律及其影响因素的遥感研究 [D]. 北京：中国地质大学（北京），2009.

[216] 高源. 棉田覆膜对田间土壤水资源量及其利用的影响研究 [D]. 石家

庄：河北农业大学，2009.

[217] 巩骏骥. 黄河三角洲蒸散发变化及影响因素研究 [D]. 济南：山东师范大学，2015.

[218] 吴彬. 石河子市地下水系统演化规律与水环境效应研究 [D]. 乌鲁木齐：新疆农业大学，2007.

[219] 吉磊. 基于氢氧稳定同位素的玛纳斯河流域地表水与地下水转化关系研究 [D]. 新疆石河子：石河子大学，2016.

[220] Scott T. Larned, Martin J. Unwin, Nelson C. Boustead. Ecological dynamics in the riverine aquifers of a gaining and losing river [J]. Freshwater Science, 2015, 34 (1).

[221] 高佩玲，雷廷武，张石峰，等. 玛纳斯河流域山前平原区地下水系统模型研究 [J]. 水动力学研究与进展（A 辑），2005 (5)：648 - 653.

[222] 胡文明. 基于 Visual MODFLOW 模型的地下水资源评价 [J]. 内蒙古农业大学学报（自然科学版），2005 (3)：59 - 62.

[223] 王东方，张凤华，潘旭东，等. 基于 Processing MODFLOW 的干旱区内陆河灌区地下流数值模拟 [J]. 中国农村水利水电，2012 (4)：45 - 49.

[224] 杨广，李俊峰，何新林，等. 基于 Visual MODFLOW 玛纳斯河流域下游地下水位的预测 [J]. 石河子大学学报（自然科学版），2015 (5)：654 - 660.

[225] 李小龙，杨广，何新林，等. 玛纳斯河流域地下水水位变化及水量平衡研究 [J]. 水文，2016 (4)：85 - 92.

[226] 王仕琴，宋献方，王勤学，等. 华北平原浅层地下水水位动态变化 [J]. 地理学报，2008 (5)：435 - 445.

[227] 高佩玲. 山前洪积扇与冲洪积平原多层结构含水层地下水模型的研究及应用 [D]. 乌鲁木齐：新疆大学，2001.

[228] 史兴民，杨景春，李有利，等. 玛纳斯河流域地貌与地下水的关系 [J]. 地理与地理信息科学，2004，(03)：56 - 60.

[229] 杨海昌，王东方，邵建荣，等. 干旱区大面积膜下滴灌对灌区地下水位及流场的影响 [J]. 中国农村水利水电，2013 (11)：60 - 64.

[230] 范文波. 玛纳斯河流域种植业用水结构时空变化与种植结构关系研究 [D]. 陕西杨凌：西北农林科技大学，2014.

[231] 郑昊安. 节水灌溉对地下水补给的影响特性研究 [D]. 乌鲁木齐：新疆农业大学，2013.

[232] 杜玉娇. 莫索湾灌区地下水水位动态变化及数值模拟研究 [D]. 新疆

石河子：石河子大学，2013.

［233］ He X L，Yang G，Li X L. Transformation of surface water and groundwater and water balancein the agricultural irrigation area of the Manas River Basin，China ［J］. Int J Agric & Biol Eng，2017，10（4）.

［234］ 寇丽敏. 基于 SWAT 模型的洮儿河流域水资源演变情势分析 ［D］. 大连：大连理工大学，2016.

［235］ 李丽. 分布式水文模型的汇流演算研究 ［D］. 南京：河海大学，2007.

［236］ 吴永萍. 气候变化对塔里木河流域大气水循环的影响及其机理研究 ［D］. 兰州：兰州大学，2011.